KB261087

지구를 부탁해

지구를 부탁해

화학자의 13가지 지구 이야기

박동곤 글·그림

같은 사물을 두고도 그것을 어떻게 받아들이는가는 사람마다 제각각이다. 예술가는 색깔과 구도라는 잣대를, 법조인은 법의 잣대를, 경영인은 기업의 이익 창출이라는 잣대를 세상에 들이댄다. 호기심과 관심이 자신을 어디로 이끄느냐에 따라 각자의 인식 속에서 그려지는 세상의 모습은 사뭇 달라진다. 물질적으로 세상은 하나지만 각자 독특한 세계관을 통해 인지한다는 관점에서 보면 세상은 전 세계 인구수만큼 서로 다른 모습을 하고 있다.

화학자는 어떤 잣대를 세상에 들이댈까? 화학을 전공했다고 모두 동일한 세계관으로 세상을 보는 것은 결코 아니다. 하지만 굳이 공통분모를 끌어낸다면 그것은 '물질과 에너지'다. '물질과 에너지'라는 색안경을 끼고 세상을 바라보는 사람이 화학자다. 도로변 커다란 입간판을 보며 화학자는 생각한다. 무슨 재료와 안료가 들어갔으며 조명에는 어떤 에너지가 얼마나 사용될까? 조명을 밝힌 입간판 하나가 하루에 얼마만큼 이산화탄소 기체를 방출할까?

이렇게 모두 다른 색안경을 끼고 세상을 바라보지만 이들에게는 공통점이 하나 있다. 자신만의 세계관을 통해 바라본 세상 속에서 각자 당면한 문제를 해결하는 데 도움이 될 열쇠를 찾고 있다는 것, 즉 문제 해결(problem-solving)을 추구하며 살아간다는 것이다.

주변을 둘러보자. 우리는 사소하지만 근원적인 먹고 마시는 욕구로부터 시작해 인생에서 무엇을 추구할 것인지의 형이상학적인 고민에 이르기까지 크고 작은 수많은 문제들을 매일 대면한다. 이를 관통하는 하나의 공통된 관념이 있다. 바로 생존의 문제, 즉 살아 있다는 사실에 관련되어 있다는 것이다. 우리가 대면하는 모든 크고 작은 문제들은 궁극적으로 이 '살아 있는 상태'를 유지하려는 데서 기인한다. 다시 말해 사람들이 당면한 모든 문제들이 궁극적으로는 인류의 '지속 가능성(sustainability)'에 맞닿아 있는 것이다.

물질과 에너지라는 색안경을 통해 세상을 바라보는 화학자에게도 지속 가능성이라는 주제는 지극히 중요한 문제로 다가온다. 2011년이 지나면 세계 인구는 70억이라는 경이로운 숫자를 돌파한다. 그 많은 인구가 필요로 하는 물질과 에너지는 실로 우리의 상상을 뛰어넘는 어마어마한 양이다. 지극히 제한된 양의 물질과 에너지만이 허용되어 있다는 냉엄한 현실은 머지않아 인류의 지속 가능성을 심각하게 위협하게 될 것이다. 인류는 차치하더라도 당장 나 자신의 지속 가능 여부가 내게 허용된 물질과 에너지를 얼마나 효율적으로 사용하느냐에 좌우된다. 이와 같이 화학자의 관점으로 지속 가능성의 문제를 짚어 가다 보면 결국 우리가 필요로 하는 물질과 에너지를 공급해 주는 지구의 지속 가능성을 마주하게 된다. 인류의 지속 가능성을 실현하기 위한 문제 해결의 열쇠를 찾아 미로를 헤치고 들어간 비밀의 방에는 다름 아닌 지구가 놓여 있다.

우리 모두가 일상에서 추구하는 크고 작은 지속 가능성의 당면 문제들이 결국에는 지구의 지속 가능성과 연결된다. 그럼에도 불구하고 대부분의 사람들이 정작 지구에 대해 지극히 무관심하니 매우 놀랍다. 어느 학생이 물었다. "교수님, 저는 지질학 전공도 아닌데 굳이 지구에 대해 알 필요가 있나요?" 내 귀를 의심하지 않을 수 없었다. 그런데 의외로 많은 사람들이 그렇게 생각한다는 것을 알고 심각성을 깨달았다. 모두 나름대로의 세계관을 통해 지속 가능성을 담보하기 위한 최선의 노력을 다하고 있다고는 하지만 정작 그 궁극적인 열쇠를 쥐고 있는 지구는 거들떠보지도 않는 이상하고 역설적인 상황이 빚어진다. 사람들이 걱정하며 살아가는 자신의 지속 가능성이, 그 해결의 실마리를 안고 있는 지구의 지속 가능성으로 이어지지 못한 채 허공에 붕 떠 있는 것이다.

전체를 보는 교육을 등한시한 채 따로 떼어 낸 좁은 단면만을 내려다보게 하는 전문 교육의 현주소를 보는 것 같아 교육자로서의 자괴감과 함께 스스로를 반성한다. 학문의 분업이라는 미명 아래 교육 현장에서 "지구"가 갈 곳을 잃은 현실에서, 학생들이 과연 자신의 삶 속에서 지속 가능성의 열쇠를 찾을 수 있겠는가?

지구는 결코 어느 특정 학문 영역의 전유물이 되어서는 안 된다. 한 덩어리로서의 지구가 살아 있는 생명체라는 확신을 가지려면, 또한 인류의 지속 가능성이 곧 지구의 지속 가능성과 다름없음을 깨달으려면, 모든 사람이 모든 학문 영역의 기초 과정에서 지구라는 주제를 다루어야 마땅하다. 지구에 관련된 과학적 전문 지식들은 (어느 학문의 영역에서 나왔건) 상식 수준으로 눈높이를 내려 각기 다른 다양한 세계관에 맞도록 재단되어 모든 사람에게 제공되어야 한다. 그렇게 해야만 각기 다른 색안경을 끼고 세상을 보는 사람들이 자신의 지속 가능성이 지구의 지속 가능성과 맞닿아 있다는 것을 깨닫는다. 물질과 에너지 자원의 고갈이 눈앞에 다가오기 시작한 지금, 인류의 지속 가능성을 실현하려면 그러한 일이 반드시 우리 세대에 일어나야 한다. 그렇지 않으면 때가 늦을지도 모른다.

행동은 인식에 좌우된다. 고무공을 발로 차면서 양심의 가책을 받는 사람은 없다. 하지만 살아 있는 강아지를 차며 놀지는 않는다. 봉제 강아지 인형조차도 발로 차지 않는다. 이는 어떤 대상에 대한 인식 차이가 실제 행동에 얼마나 큰 영향을 미치는지를 극명하게 보여준다. 일반적으로 우리 행동에 가장 큰 차이를 가져오는 인식은 바로 살아 있느냐의 여부다. 인간은 살아 있는 존재이기에 본능적으로 살아 있는 것들을 함부로 대하지 않는다.

지구를 대하는 인식과 행동도 마찬가지다. 지구를 살아 있는 생명체로 보느냐 그냥 한 덩어리 무기물로 보느냐 하는 아주 근본적인 인식의 차이에 따라 지구를 대하는 실제 행동은 크게 달라진다. 함부로 대하면서도 전혀 양심의 가책을 받지 않을 수도 있고 분신처럼 아끼며 사랑할 수도 있다.

노란색을 좋아하는 연인에게 검은 꽃 100송이를 안기는 이기적인 바보의 모습이 바로 지구를 대하는 우리의 자화상이다. 말로는 아끼고 사랑한다면서 괴롭히고 파괴하기까지 한다. 심지어 그 과정에서 자신마저 파괴되고 있다는 것도 깨닫지 못한 채 말이다. 이것은 자기

만족감일 뿐 결코 사랑이 아니다. 누군가를 위하고 사랑한다면 행동에 앞서 상대를 제대로 알아야 하고 무엇보다도 관심을 갖는 것이 우선되어야 할 일이다. 상대가 노란색을 좋아한다면 노란 꽃 100송이를 안겨 주어야 할 일이다.

차례

1부 | 당신이 몰랐던 지구

1 | 지구는 살아 있다

2 | 지구의 특별한 보호막, 대기권

3 | 지구에 생명을 주는 수권

4 | 암석권이라는 얇은 세계

4부 | 우리가 발디딘 곳: 암석권

당신이 몰랐던 지구

당신이 몰랐던 지구

1 지구는 살아 있다

　흔히 우리는 자신과 다르게 생긴 생물을 보면 경계심과 혐오감을 품는다. 상상 속 외계인은 곤충 머리에 전갈 몸통과 뱀 꼬리가 있다. 하지만 다른 생명체가 그냥 정육면체나 원통형이라고는 상상조차 않는다. 하물며 구형은 오죽하겠나. (실제로 바이러스는 이런 단순한 모양을 하고 있다!) 우리의 눈에 지구는 정말 이상하게 생긴 생명체다. 둥글고 밋밋하게 생긴 재미없는 단순한 모습에 어디가 위고 어디가 아래인지도 모르겠다. 하지만 마치 0(zero)이라는 신비한 숫자처럼 기하학적으로는 가장 높은 가치를 갖는 구조가 바로 '완벽함'을 상징하는 구형이다.

　지구는 한 그루 나무와 같아서 새 잎을 내고 꽃을 피우며 낙엽을 떨구면서 계속 자라 왔다. 긴 시간 동안 진행된 진화 과정을 통해 다양한 모습으로 변화해 왔고 때로는 깊은 상처를 입어 지층의 나이테

속에 흉터가 남기도 했다. 그 과정에서 지구는 강한 자기 치유 능력
도 여실히 보여 주었다. 앞으로 지구가 건강하게 계속 잘 자랄지, 아
니면 어느 날 갑자기 시들면서 죽어 버릴지 아무도 모를 일이다. 다
만 지구가 아파서 시들게 되면 우리도 결코 무사하지 못할 것이라는
사실 하나는 확실해 보인다.

초생명체 지구

맑은 여름밤, 쏟아지는 별들 중 하나가 갑자기 떨쳐 일어나 방긋
미소 짓는 것을 본 적이 있는가? 그렇게 행성이 살아 숨 쉬는 것을 보
고 행성도 인간과 마찬가지로 생명을 가진 생명체의 하나로 여겨야
한다는 자신의 이론을 과학계에 화두로 던진 사람이 바로 『가이아
(Gaia)』의 저자인 제임스 러브록 박사다. 그가 만난 살아 있는 행성이
바로 다름 아닌 지구다.

러브록은 영국에서 화학을 전공하고 의학과 생물 물리학 분야에
서 2개의 박사 학위를 취득한 후, 영국에서 의사로 연구 활동을 하다
미국으로 건너가 잠시 화학 교수로 재직한다. 이 기간 중에 그는 제트
추진 연구소(JPL)과 인연이 닿아, 화성의 생명체 확인 프로젝트에도
참여한다. 이후 러브록은 영국으로 돌아가 독립적으로 활발한 활동
을 하며 해양 생태계에 대한 연구에 몰두한다. 화학으로부터 약학과
의학을 거쳐 우주학과 해양학에 이르는 다양한 연구 경험의 토대 위
에서 그는 가이아 이론을 통해 지구는 살아 있는 일종의 초생명체라
는 놀라운 주장을 한다. 지구는 자신의 생명을 유지하기 위해 대기의
성분과 기후를 스스로 조절하며 통제할 뿐만 아니라, 매우 강력한 자

기 치유 능력이 있어서 소행성 충돌과 같은 우주적인 재앙에도 불구하고 다시 살아나는 강한 생명력이 있다는 것이다.

러브록의 가이아 이론에 반론과 비판을 제기하는 학자들도 많지만 그의 주장이 과학계 전반의 사고방식 전환에 미친 영향은 실로 엄청나다. 인간이 제멋대로 지구를 이용해도 된다는 과거의 자기 중심적 사고방식에서 벗어나 인간을 지구 생태계에 속해 있는 한 부분으로 보기 시작한 것이다. 이것은 마치 갈릴레오의 지동설을 계기로, 모든 천체가 지구를 중심으로 돌고 있다는 자기 중심적 관점에서 벗어나 지구란 우주의 일부분에 불과하다는 것을 깨닫기 시작한 사건에 비할 수 있는 일대 발상의 전환이다.

이제는 연구 활동을 하는 과학자들이나 정책을 수립하는 행정가들, 경제 활동을 하는 경영인들 누구를 막론하고 모두 자신의 행동이 살아 숨 쉬는 지구에 어떤 영향을 미칠지 걱정하게 될 것이다. 지구의 건강이 악화되면 강력한 자기 치유 능력을 가진 지구는 결국은 살아

남겠지만 인류는 멸종의 길로 들어설 수 있다는 시나리오가 한층 현실로 다가왔기 때문이다.

우주에서 본 지구

영국 철학자 길버트 라일은 저서 『마음의 개념(*The Concept of Mind*)』에서 인간을 '범주 착오(category error)'에 빠져 있는 존재로 정의한다. 범주 착오란 모든 것을 잘게 분해해 분리된 상태로 이해하려는 인간의 분석적 속성 때문에 막상 전체를 잘 보지 못하는 현상을 일컫는다. 인간은 자신이 매우 이성적이고 합리적인 생각을 한다고 믿지만 실제로는 이 범주 착오로 인해 전혀 이성적이지도 합리적이지도 않은 판단과 행동을 한다는 것이다.

인간 인지 능력의 공간적 한계와 시간적 한계는 이러한 범주 착오를 야기하는 데 크게 한몫을 한다. 예를 들어 대부분의 사람들은 나무 몇 그루는 매우 소중하게 생각하면서도 정작 숲이 파괴되는 것은 대수롭지 않게 여기는 이상한 반응을 보인다. 숲이 파괴되는 것은 결국 수많은 나무들이 일시에 죽는 것임이 분명한데도 말이다. 이와 같은 비이성적 판단을 하는 이유는 나무는 쉽게 보지만 숲을 보지 못하기 때문이다. 더구나 숲이 너무나 커서 그 모습을 한눈에 볼 수 없게 되면 이러한 모순적 상황은 더욱 심해진다.

지구를 살아 있는 '초생명체'로 쉽게 받아들이지 못하는 것도 바로 이러한 범주 착오 때문이다. 지름이 1만 2700킬로미터나 되는 지구 크기가 인간의 통상적인 인지 범위를 훨씬 넘어가 버리기 때문에 산과 숲, 하천과 호수, 바다와 갯벌, 그 안의 모든 생명체들이 역동적으로 한데 어우러져 있는 지구를 온전한 하나의 객체로서 바라보지 못한다. 살아 있는 나무, 조금 더 나아가 살아 있는 숲까지는 그나마 받아들이는데, '살아 있는 지구'라고 하면 고개를 갸우뚱하게 되는 것이다. 바로 인간의 인지 능력이 공간적으로 매우 좁은 영역에 제약되어 있기 때문에 일어나는 현상이다.

인류가 지구의 온전한 둥근 모습을 처음 접한 계기는 1972년에 아폴로 17호가 달에 갔다가 지구로 귀환하며 촬영한 한 장의 사진을 통해서다. 그 전에도 지구본을 통해 지구의 둥근 모습을 상상할 수는 있었지만 우주선을 타고 지구를 떠나 멀찌감치 가지 않고는 지구의 실제 모습을 볼 수 없었던 것이다. 나무에 구멍을 뚫고 들어가 사는 애벌레가 자기가 발붙이고 사는 생명체가 도대체 어떤 존재인지를 제대로 알지 못하는 것과 마찬가지로 인간도 자기가 사는 살아 있는 지구의 실제 모습을 오랫동안 보지 못했던 것이다.

지구를 하나의 살아 있는 생명체로 인식하려면 제약된 시각에서 벗어나 멀찌감치 대기권 바깥에서 지구 전체를 한눈에 내려다볼 필요가 있다. 지구에 대해 자신이 단편적으로만 알고 있는 지식들을 한데 통합해 범주 착오에서 벗어나 지구를 하나의 온전한 객체로서 이해하는 데에는 아폴로 17호가 촬영한 지구 모습을 자주 떠올리는 것이 큰 도움이 된다. 가장 좋은 것은 지구본을 가까이에 두고 수시로 이리저리 돌리며 산과 하천, 바다와 습지, 숲과 도시, 사막과 호수, 그 위에 사는 많은 생명체들을 머릿속에 그려보는 것이다. 그러다 보면, 하늘의 보름달이 씽긋 웃는 표정을 상상하듯, 멀찌감치 놓인 둥근 지구가 어느 날 갑자기 살며시 윙크하는 것을 보게 된다.

범주 착오에 빠진 우리는 정작 발밑에 얼마나 소중한 것을 두고 있는지 모른 채
살아간다. 그것이 너무나 커서 한눈에 볼 수 없기 때문이다. 멀리 우주 밖으로 나가서
바라보면 그때서야 깨닫는다. 파란색 지구가 얼마나 아름다운 행성인지를.

지구를 진단하라

"지구는 살아 있다."라고 주장하며 가이아 이론을 내세운 러브록은 화학자이면서 의학자이기도 하다. 그래서 그는 마치 의사가 환자를 대하듯 지구를 바라보았던 것 같다.

병에 걸리면 그에 따른 증상들이 나타난다. 체온이 올라가며 두통이 오고 진땀이 나면서 숨이 가빠진다. 진통제와 해열제를 써서 잠시 동안은 증상을 잠재우고 고통을 덜 수는 있을지 몰라도, 정확한 진단을 통해 근본 원인을 알아내 그에 대한 적절한 치료를 하지 않는다면 사소한 이상이라도 큰 병으로 커지기 십상이다. 경우에 따라서는 병을 치료하지 않고 그대로 두면 결국 죽음에까지 이르기도 한다.

지구를 살아 있는 하나의 생명체로 본다면 마찬가지의 논리가 적용되어야 마땅하다. 우선 인간처럼 지구도 병에 걸릴 수 있으며 그에 따른 다양한 증상을 나타내리라는 사실을 받아들여야 한다. 지구가 평상시와는 다른 이상 증세를 나타내는 것에 깊은 관심을 가져야 하며 혹시 병에 걸린 것은 아닌지, 만약 그렇다면 원인은 무엇인지를 정확하게 진단해 이에 따른 적절한 치료책을 강구해야 한다. 러브록은 이러한 일련의 활동 영역을 행성 의학이라 불렀다.

문제는 충분한 의학적 지식도 없이 진단과 치료를 제멋대로 했다가는 오히려 병을 덧나게 해 상황을 더 악화시킬 수도 있다는 점이다. 돌팔이 의사가 환자의 병을 오히려 덧나게 하는 것이 그 경우다. 그래서 의사들은 대학에서 인체에 대한 충분한 사전 지식을 습득하고 전문의가 되어 인체의 특정한 부위만 다룰 것임에도 불구하고 인체 전반에 대한 포괄적인 의학 지식을 쌓는다. 만약 우리가 지구를 진단해야 한다면 당연한 의무로서 지구에 대한 충분한 사전 지식을 쌓아야

살아 있는 지구도 우리처럼 아플 수 있다. 심지어 죽을 수도 있다. 만약 우리가 지구의 병을 진단하고 치료할 의사가 되어야 한다면 병 주고 약 주는 의사가 되어서는 결코 아니 될 일이다. 무엇보다도 의사는 환자에 대해 관심을 갖는 것이 우선이다.

할 것이며 그것도 포괄적이고도 전반적인 이해의 수준에서 그리하여
야 할 것이다.

이것은 일부 과학자들에게만 해당되는 것이 아니라 일반 대중에게
도 요구되는 의무 사항이다. 자신이 내리는 선택과 하는 행동들이 궁
극적으로는 거대한 지구의 생명 현상과 어떤 연관을 갖게 될지에 대
해 우리는 눈을 크게 뜨고 조금은 더 멀리 내다보고 넓게 보아야 한
다. 무엇보다 우선적으로 살아 있는 초생명체인 지구에 대해 깊은 관
심과 따뜻한 애정이 요구된다. 의사가 되기 전에 히포크라테스 선서
를 하듯이 말이다. 더구나 지구가 앓고 있는 병이 다름 아닌 인류에
의해 촉발되었다면 한층 시급하고 심각한 문제로 다루어야 한다. 병
을 고쳐야 할 의사가 오히려 환자를 병들게 하고 있는 셈이니 말이다.

죽은 행성 금성

금성은 태양계에서 지구로부터 가장 가까운 이웃에 있는 행성이
다. 영어로는 비너스라 한다. 매우 밝지만 이른 새벽에 지평선 근처에
서 잠시만 보이기 때문에 흔히 '새벽별'이라고도 부른다. 그 모습이 마
치 달과 같이 주기적으로 반달을 거쳐 가느다랗게 바뀌는 것으로도
잘 알려져 있다.

여러 가지 면에서 금성은 지구의 쌍둥이별에 해당하며 지구의 자
매 행성(sister planet)이라고도 한다. 지름이 1만 2100킬로미터로 크
기가 지구와(지름 1만 2700킬로미터) 거의 같고 지구와 마찬가지로 핵,
맨틀, 그 위에 떠 있는 지각으로 이루어져 있다. 또한 지구에서와 마
찬가지로 약 100킬로미터 두께의 대기권이 표면을 덮고 있으며 고도

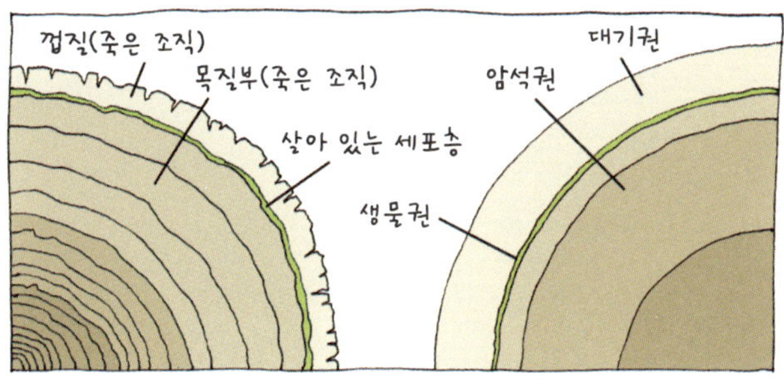

나무 껍질과 목질부 사이에 있는 아주 얇은 세포층으로 인해 나무를 살아 있다 하는 것처럼, 대기권과 지각 사이에서 지구 표면을 극히 얇게 덮고 있는 생물권으로 인해 지구를 살아 있다 할 수 있다.

50킬로미터 정도에 두꺼운 구름층이 깔려 있다.

이렇게 겉으로 보아서는 너무나도 닮은꼴을 하고 있지만 자세히 들여다보면 극명하게 대비되는 차이점이 있다. 질소와 산소가 주성분인 지구와는 달리, 금성의 대기는 대부분이 이산화탄소로 이루어져 있고 구름의 주성분도 물이 아닌 진한 황산이다. 이산화탄소와 황산은 모두 화산과 지진 활동 과정에서 뿜어져 나온 것들이다. 무엇보다도 현재 금성의 표면에는 물이 남아 있지 않다. 생명체가 살 수 없는 것은 물론이거니와 물에 의한 파쇄, 침식, 퇴적 등의 지형 변화도 거의 없다. 그러다보니 금성의 표면에는 외계에서 날아와 충돌한 운석이 남긴 상처는 물론 거의 5억 년 전 화산 활동의 흔적까지도 지워지지 않은 채 그대로 남아 있다. 금성은 마치 말라 죽은 것마냥 수억 년 전의 모습 그대로인 것이다.

약 30억 년 전에는 지구도 금성과 매우 흡사한 모습이었으리라 여겨진다. 화산과 지진 활동이 일어나 이산화탄소와 아황산가스를 뿜어내고 중력에 끌린 커다란 운석들이 충돌하면서 여기저기에 움푹 파인 자국을 남겨 놓고 대기는 주로 이산화탄소로 이루어져 있었다.

그러나 지구에 생명체가 번성하기 시작하면서 두 행성은 전혀 다른 운명의 길로 들어서는데, 이는 물의 존재와도 밀접한 연관이 있다. 약 35억 년 전 지구 상에 등장한 광합성 미생물은 이후 약 30억 년 동안 대기의 이산화탄소를 먹어치우고 대신 산소를 내뿜어 놓는다. 지구의 대기가 이산화탄소에서 질소와 산소로 바뀌어 생물이 번성하고 진화하는 데 유리한 조건이 만들어짐에 따라 지구 표면은 생물권으로 덮이기 시작한다. 결국 지구는 금성과는 전혀 다른 현재와 같은 모습을 띠게 된 것이다. 바로 살아 있는 행성의 모습이다.

이와 같이, 살아 있는 생물권이 행성의 표면을 덮고 있는지의 여부에 따라 행성 자체의 모습이 극명하게 달라지는 것은 마치 나무와도 같다. 나무의 대부분인 목질부와 나무 껍질은 사실상 죽은 조직이다. 하지만 이 나이테로 가득한 목질부와 나무 껍질 사이에는 매우 얇지만 살아 있는 세포층이 있어서, 이곳을 통해 물과 양분이 순환하고 세포 분열에 의한 증식이 이루어진다.

나무가 푸르러지고 꽃을 피우며 열매를 맺는 것은 모두 이 살아 있는 얇은 세포층으로 인한 것이다. 벌레가 먹는다든지 병이 든다든지 가뭄으로 물을 공급받지 못한다든지 하는 이유로 이 살아 있는 세포층이 파괴되면 나무는 말라죽는다. 마찬가지로 대기권 바로 밑에서 지구 표면을 얇게 덮고 있는 생물권이 병에 걸리고 파괴된다면 지구도 결국 지금의 금성과 같은 죽은 행성의 모습으로 변하리라는 것을 쉽게 짐작할 수 있다.

살아남은 행성 지구

죽어 있는 것이나 다름없는 금성과 화성의 대기는 95퍼센트가 공기보다 1.5배나 무거운 이산화탄소 기체로 구성되어 있다. 금성은 매우 많은 양의 대기가 있어서 표면에서의 대기압이 지구의 90배나 된다. 만약 사람이 우주선을 타고 금성에 내리면 즉시 찌부러질 정도다. 반대로 화성의 대기는 매우 희박해서 화성 표면에서의 기압은 지구의 약 100분의 1에 지나지 않는다. 신기하게도 지구는 금성과 화성의 한가운데에서 우리 생명체가 살아가기에 가장 적절한 대기의 양을 유지하고 있는 것이다.

지구 생성 초기인 46억 년 전만 해도 금성도 지구처럼 물을 가지고 있었으며 지구도 금성과 마찬가지로 대기가 대부분 이산화탄소로 채워져 모든 것을 짓누르고 있었다. 사실상 이 시점의 금성과 지구는 전혀 다를 바 없는 쌍둥이 자매 행성이었던 것이다. 그런데 이 둘의 운명은 35억 년 전 지구에 광합성 미생물이라는 생명체가 등장하면서 전혀 다른 길을 걸어가게 된다.

살아 있는 이 미생물들은 광합성 반응으로 이산화탄소를 흡수해 몸속에 탄수화물의 형태로 고정시켜 놓고 대신 대기 중에 산소를 방출한다. 원래 있던 이산화탄소가 모두 산소로 바뀌었다고 보면, 현재 공기 중에 있는 산소보다 훨씬 많은 양의 산소가 대기로 방출된 셈이다. 그 상당 부분이 바닷속에 녹아 있던 철 이온(Fe^{+3})과 반응해 산화철(Fe_2O_3)의 형태로 바다 밑에 가라앉아 지금의 철광석이 된 것으로 추정된다. 철 이온은 물을 강한 산성으로 만들어 해양 생태계를 파괴하는 대표적인 오염 물질이다. 원래 지구의 바다는 높은 철 이온 농도

"옛날 옛적에 금성과 지구라는 두 자매가 살았어요. 그런데 그만 금성이……."
지구의 자매 행성인 금성은 죽은 행성의 대표적인 예다.

로 인해 전혀 생물이 살 수 없는 환경이었는데 광합성 미생물이 방출한 산소 덕분에 이 철 이온이 다 제거되면서 바닷속은 생명의 진화에 적합한 환경으로 바뀌었다.

행성들의 생성 초기에는 대기의 모든 물질이 행성의 중력권을 벗어나 우주로 빠져나가고 있었다. 특히 문제가 되는 것은 물을 잃어버리는 것인데 이는 말 그대로 행성이 피를 흘리며 죽어 가는 것이나 다름없었다. 광합성 미생물들이 뿜어 놓은 산소가 바로 이 상황도 바꾸어 놓게 된다. 대기의 높은 고도로 확산되어 올라간 산소 분자(O_2)가 우주로부터 날아드는 우주 방사선과 충돌해 산소 라디칼($O\bullet$)을 만들고 여기서 다시 오존(O_3)이 만들어지며 고도 30~50킬로미터 영역에서 많은 열이 발생한다. 이 열로 인해 대기권의 온도 분포가 뒤바뀌면서 대류권의 바로 바깥쪽에 매우 안정한 온도 분포를 갖는 성층권이 형성되었다. 더 이상 대류권의 공기가 우주로 빠져나가지 못하도록 지구 주위를 성층권의 투명한 막이 둘러싼 것이다.

지구 표면에서 1기압이던 대기압은 고도가 올라가면서 기하급수적으로 감소해 성층권에 들어서면 0.1기압 아래로 떨어지고 성층권 상층부에 다다르면 거의 진공이 된다. 결국 성층권에 의해 대부분의 공기가 대류권 안에 갇혀 있는 셈이다. 만약 성층권의 온도가 지금과 같은 안정한 분포로 바뀌지 않은 채 그 안에서도 계속 대류가 일어났더라면 물과 공기의 대부분은 결국 우주로 다 빠져나가 지구는 아마도 지금의 화성과 같이 죽은 행성이 되어 버렸을 것이다. 하지만 광합성 미생물이 방출한 산소 덕에 지구는 마치 흘리던 피를 멈춘 병사처럼 더 이상 물을 잃지 않고 살아남게 된 것이다.

우리는 흔히 살아가기에 적합한 환경이 먼저 조성되어야 그곳에 생명체가 찾아든다고 여기기 십상이다. 하지만 지구가 그동안 겪어 온 진화의 역사를 보면 황폐한 환경이 적합한 환경으로 바뀌려면 오히려 생명체가 먼저 있어야 한다는 것을 알 수 있다. 적합한 환경이란 다름 아닌 생명체들이 만들어 낸 산물이다. 환경이 파괴되지 않고 유지되려면 그 속에 살고 있는 생명체들이 건강해야 하는 이유는 바로 이 때문이다. 아무리 하찮아 보이더라도 강과 숲, 바다에 살고 있는 생명체를 함부로 다루어서는 안 되는 이유가 바로 여기에 있다.

캄브리아기 생명 대폭발

찰스 다윈은 진화론에서 적자 생존에 기초해 생물 종의 변화를 설명하고 있다. 필연적으로 진화란 매우 오랜 시간에 걸쳐 일어나는 점진적인 변화를 의미한다. 그런데 약 46억 년이라는 지구의 역사를 되돌아보면 종의 변화가 그렇게 지속적이고 점진적이었던 것만은 아니라는 증거들이 발견된다. 생물권에서는 다윈식의 진화로는 설명할 수 없는 매우 급작스러운 변화가 일어났던 것이다.

약 35억 년 전 지구 상에 처음 등장한 생명체는 광합성 반응을 하는 미생물이었다. 이후 약 30억 년이라는 매우 긴 시간 동안 일종의 식물성 플랑크톤인 다세포 조류(algae)와 같은 매우 단순한 형태의 생명체가 등장한 것 이외에는 어떤 주목할 만한 진화의 흔적도 발견되지 않는다. 그러다가, 약 5억 5000만 년 전 캄브리아기에 들어서면서 놀라울 정도로 다양한 다세포 동물들이 바닷속에 등장한다. 세계 곳곳에 산재해 있는 캄브리아기 지층의 화석 자료들을 조사해 보면, 이러한 다양한 바다 동물의 출현이 겨우 1000만 년이라는 (지질학적으로는) 매우 짧은 기간 안에 진행되었음을 보여 준다. 정말이지 하루 아침에 바닷속 세상이 확 달라지면서 온갖 신기한 동물들이 헤엄치고 바닥을 기어 다니게 되었던 것이다. 이후 이들은 다윈식 진화를 통해 점진적으로 다른 종류의 동물들로 변화해 간다.

우리에게 1000만 년이라는 기간은 너무나 길게 느껴지지만 46억 년이라는 긴 세월 동안 일어난 지구의 진화라는 관점에서 보면 그 야말로 눈 깜짝할 시간에 불과하다. 그래서 캄브리아기에 들어와 바닷속에 온갖 다세포 동물들이 등장한 것을 두고 생물계의 대폭발(Cambrian explosion)이라 해 우주의 생성과 대비시키곤 한다. 대폭발을 시발점으로 우주가 생겨났듯이, 지구 상 생명체의 등장도 매우 급작스럽고도 전격적으로 진행되었던 것이다.

그렇다면 도대체 왜 수십 억 년을 아무런 주목할 만한 변화가 없던 지구 상의 생물권에 그와 같은 갑작스러운 일이 찾아왔을까? 무엇이 그와 같은 폭발적인 변화에 도화선을 당겼을까? 여러 가지 추측들이 있지만 그중에서도 지구 대기의 화학적 조성이 달라졌기 때문이라는 설명이 가장 큰 설득력을 얻고 있다.

원래 지구의 대기는 주로 이산화탄소로 이루어져 있었다. 캄브리아기에 들어서기 전 바다에 살았던 플랑크톤은 모두 광합성 반응을 하는 미생물이었다. 광합성 미생물은 햇빛을 에너지로 사용해 대기 중의 이산화탄소와 바닷속의 물로부터 자신이 살아가기 위한 유기물을 만들고 부산물로 산소를 다시 대기에 뿜어 놓았다. 누군가 이 산소를 가로채지만 않았다면 지구의 대기는 서서히 이산화탄소에서 산소로 바뀌어 갔을 텐데, 바닷속에 높은 농도로 존재했던 철 이온과 일부 썩어 가는 유기물이 그 산소를 곧바로 소비해 없애 버렸던 것으로 추정된다.

무슨 이유에서인지 캄브리아기를 앞두고 광합성 미생물이 만든

5억 5000만 년 전 '캄브리아기 대폭발'로 갑자기 수많은 다세포 동물들이 등장하며 마침내 지구에 봄이 왔다. 지구 표면은 온통 살아 꿈틀거리는 생물로 덮이고 살아 있는 행성 지구는 성장과 진화를 거듭한다.

산소를 가로채던 원인이 없어지면서 지구 대기 중 산소의 양이 갑자기 증가했다. 바닷속에도 용존 산소의 농도가 높아져 생명체의 생성과 진화에 유리한 환경이 조성되면서 캄브리아 전기의 1000만 년이라는 짧은 기간에 걸쳐 다양한 바다 동물들이 폭발적으로 등장했던 것이다. 겨우내 땅속에 움츠리고 있던 온갖 씨앗들이 봄이 되어 적당한 환경이 조성되면 느닷없이 싹을 틔우면서 온 세상을 하루아침에 녹색으로 물들이듯 약 5억 5000만 년 전 캄브리아기에 들어서면서 지구에도 마침내 봄이 왔던 것이다.

페름기 대멸종

거목의 잘린 단면을 들여다보면 지난 수십 년 동안 나무가 지내 온 흔적들이 나이테에 그대로 남아 있다. 마찬가지로 수십억 년을 거슬러 올라가며 지구에 일어났던 갖가지 변화의 기록들은 지각의 지층 속에 고스란히 남아 있다. 이 지층 속에 남은 기록들을 조사해 보면 지구 상에는 그동안 다섯 차례 '대멸종(Mass Extinction)'이 있었던 것으로 추정된다.

그중에서도 약 2억 5000만 년 전 페름기 중반 지구를 휩쓴 대멸종 사건은 규모 면에서 상상을 초월하며 한마디로 지구 자체가 죽음의 문턱에 다다랐던 것으로 여겨진다. 육지의 나무들이 거의 사라졌고 숲을 거닐던 덩치 큰 동물들은 3분의 1도 살아남지 못했으며 바닷속 생물의 95퍼센트가 없어져, 지구 전체를 통틀어 90퍼센트의 생물이 죽어 없어졌다. 삼엽충과 암모나이트가 멸종된 것도 바로 이때다.

무엇이 이와 같은 대멸종을 야기했는지는 오랫동안 과학자들의 관심거리가 되어 왔다. 한동안 과학자들을 어리둥절케 했던 것은 우리가 상상할 수 있는 다양한 수많은 재앙들이 동시다발적으로 일어났다는 점이다. 서로 다른 주장들을 하는 학자들 간에 처음에는 갑론을박이 있기도 했지만 이들에 대한 증거들이 과학적으로 한층 명확해지면서 그 모든 다양한 요인들이 복합적으로 동시에 작용했다고 짐작된다.

일단 다음과 같은 시나리오가 재구성된다. 페름기에 들어서면서 지구의 육지와 바닷속은 온갖 생물들로 가득 찼다. 이끼, 해초, 산호, 조개 등이 암모나이트나 삼엽충과 함께 바닷속을 꽉 메우고 있었다. 아마도 이들의 번성은 도를 넘어 이미 생태계 균형을 무너뜨리고 있었던 것으로 여겨진다. 이들의 배설물은 적조 현상처럼 물속의 산소를 고갈시키면서 물을 썩게 한다. 공기를 싫어하는 혐기성 세균은 썩은 유기물을 분해해 엄청난 양의 이산화탄소와 메탄 기체를 만들어 내고 이를 탄산과 메탄하이드레이트의 형태로 깊은 바닷속에 계속 쌓아 놓는다. 더구나 빙하의 소실로 해류가 돌지 않게 되고 정체된 바다는 말 그대로 썩기 시작했던 것으로 보인다.

어느 날 엄청난 크기의 소행성 하나가 궤도를 벗어난 후 중력에 끌려 지구에 충돌한다. 현재의 오스트레일리아에 남아 있는 당시 분화체의 지름이 120킬로미터라 하니 그 충격이 얼마나 컸을지는 가히 상상을 벗어난다. 물풍선 한쪽을 팅긴 것마냥, 충격파는 지구 전체로 퍼져나가면서 곳곳에서 지진과 화산 폭발을 촉발한다. 사실상 지구는 이곳저곳이 금이 가 깨진 것이나 다름없이 되어 버렸고 시베리아 곳곳의 깨진 땅속에서는 마그마가 솟아나 300만 제곱킬로미터라는 엄청난 지역을 덮어 버린다. 오랫동안 지속된 화산 활동으로 지구

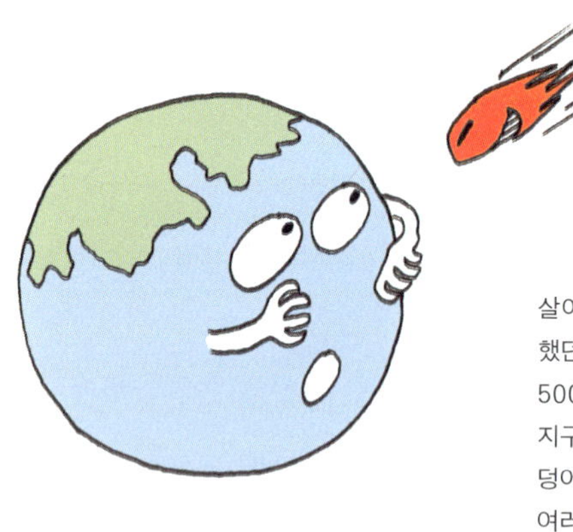

살아 있는 지구의 성장 과정이 순탄하기만 했던 것은 아니다. 페름기에 해당하는 2억 5000만 년 전, 거대한 소행성의 충돌로 지구는 죽음의 문턱에 다다른다. 원래 한 덩어리였던 육지 팡게아는 산산이 깨어져 여러 개의 대륙으로 나뉘어졌고 상처는 땅속 깊이 묻힌 지층(나이테) 속에 그대로 남아 당시의 상황을 짐작케 해 준다.

곳곳에서는 불덩어리가 하늘에서 떨어지고 이내 화산재와 함께 엄청난 양의 이산화탄소와 이산화황이 대기로 분출된다. 분출된 기체들은 대기 중의 물과 반응하면서 오랫동안 강한 산성비를 내리고 호수와 강물은 쓴맛의 산이 된다. 바닷속에 탄산과 메탄하이드레이트 형태로 축적되어 있던 이산화탄소와 메탄 기체도 대기로 분출된다. 분출되는 메탄에 불이 붙어 그야말로 온통 불바다가 되기도 한다.

태양은 어두워지고 달은 붉고 침침해지며 별은 온데간데 없어져 버린다. 햇빛이 차단되면서 일시적으로는 지구의 온도가 곤두박질치지만 곧이어 분출된 기체의 온실 효과로 인해 긴 세월 동안 지속되었을 지구 온난화가 시작된다.

지속되는 산성비로 나무들은 모두 죽어 넘어지고 숲이 있던 곳에는 썩은 나무를 먹는 곰팡이류만 온통 땅 위를 덮는다. 쓴 맛의 산으로 변해 버린 물속에서는 죽은 시체가 썩으며 그나마 남아 있던 산소를 완전히 고갈시켜 버린다. 육지에는 몇몇 남은 종류의 동물들만 먹을 것과 마실 물이 없는 황량한 육지를 헤매며 겨우 생명을 부지한다. 어쩌면 이들은 너무나 괴로워서 이미 죽은 동료들을 부러워했을지도 모른다.

여기에서 우리가 특히 주목해야 할 것은 페름기의 대멸종 사건이 1000만 년에 걸쳐 일어난 일이라는 점이다. 이는 생태계 파괴가 굉장히 긴 시간에 걸쳐 서서히 진행되었고 1000만 년이라는 긴 세월이 흐른 후에나 생태계가 원상 회복되기 시작했음을 의미한다. 또 하나 주목할 것은 멸종으로 사라져 간 생물들이 당시에는 지구 상에서 가장 번성했던 종류라는 점이다. 오늘날 지구의 가장 번성한 종으로서 주인 행세를 하며 당장 눈앞에 보이는 이익을 위해 서슴없이 생태계의 균형을 망가뜨리는 인간이 다시 한 번 돌아보아야 할 부분이다.

백악기 대멸종

지난 수십 억 년의 지구 역사를 되돌아보면, 지구 생태계의 급격한 변화에 적응하지 못한 생물들이 영영 지구 상에서 없어지는 대멸종 사건이 다섯 번 정도 일어났던 것으로 추정된다. 그중 가장 치명적이었던 대멸종은 약 90퍼센트의 생물들이 죽어 없어졌던 약 2억 5000만 년 전 페름기 대멸종이며, 가장 최근에 일어난 것은 페름기 대멸종 사건 다음으로 일어난 약 6500만 년 전 백악기 대멸종이다. 페름기 대멸종 사건의 대표적 피해자는 삼엽충이며 백악기 대멸종의 경우는 다름 아닌 공룡이다.

백악기의 대멸종을 야기한 원인은 상당히 정확하게 규명되어 있다. 공룡의 멸종을 가져왔던 환경 변화의 직접적 원인은 외계로부터 날아와 지구에 충돌한 소행성으로, 지금의 멕시코 유카탄 반도에 지름이 176킬로미터나 되는 충돌 흔적이 남아 있다. 충돌 당시 흩어진 재와 연기, 지구 곳곳에서 재개된 화산 활동으로 뿜어져 나온 분출물들이 지구 전체를 덮어 태양빛을 가렸고 긴 겨울이 찾아왔다. 이로 인해 생태계의 균형이 깨졌고 급격한 환경 변화가 뒤따랐다. 이러한 급격한 환경 변화에 적응하지 못한 공룡과 같은 덩치 큰 생물들은 그동안 누려 왔던 적자의 자격을 상실하고 멸종의 나락으로 떨어진다.

이러한 대멸종은 우리가 흔히 생각하듯 1~2년 혹은 몇십, 몇백 년 사이에 일어나는 일이 결코 아니다. 비록 멸종의 발단이 된 소행성의

6500만 년 전 소행성의 충돌은 급격한 환경 변화를 야기했고 지구 상에서 가장 번성했던 공룡이 멸종의 길로 들어섰다. 오늘날 급격한 지구 환경의 변화가 또 다시 새로운 대멸종 사건으로 이어질 것인지, 만약 그렇게 된다면 이번에는 과연 어떤 종이 멸종의 길을 걷게 될 것인지를 심각하게 고민해 볼 일이다.

충돌 자체는 순간적으로 일어난 사건이었지만 그로 인한 환경의 변화와, 이에 적응하지 못한 종의 멸종은 수십만 수백만 년에 걸쳐 서서히 진행되는 일이라는 점에 우리는 주목해야 한다. 마치 영화에서 보듯 며칠, 몇 달, 몇 년 사이에 공룡이 집단으로 죽어 간 것이 아니라, 오랜 기간 동안 대를 이어가며 개체 수가 줄어들어 결국에는 영원히 사라진 것이다. 아마 스스로도 자신이 멸종의 길을 걷고 있었음을 몰랐을 것이 분명하다. 지구의 환경 조건이 호전되어 대멸종에 종지부를 찍고 생명체의 개체 수가 회복되기 시작하기까지는 페름기 대멸종의 경우 약 1000만 년, 백악기 대멸종의 경우에는 약 500만 년이라는 믿기지 않을 만큼 긴 시간이 흘러야 했다.

최근 들어 우리 주위에서는 멸종의 운명을 맞고 있는 생물 종의 수가 급격하게 늘어나고 있다. 외계로부터 날아와 지구에 충돌한 소행성도 없었고 특별히 화산 활동이 활발해진 것도 아닌데, 이와 같은 현상은 나비와 같은 곤충류에서 인간과 가장 유사한 영장류에 이르기까지 거의 모든 종류의 종에서 관찰되고 있다. 서식지 파괴, 먹이 사슬 붕괴, 환경 변화, 지구 온난화 등 멸종의 원인에 대한 다양한 과학적 해석들이 제시되고 있는데, 이들의 공통 분모는 다름 아닌 인간의 활동으로 인해 빚어진 결과라는 점이다. 만약 현재 우리 생물권이 또 하나의 대멸종 사건, 즉 여섯 번째 대멸종의 시작점에 서 있는 것이라면, 이를 야기한 원인은 소행성도 아니요, 지질 활동도 아니요, 바로 인류 그 자신인 것이다.

페름기와 백악기의 대멸종 사건에서 결과적으로 가장 큰 피해를 입은 종은 당시에 가장 번성했던 종들이었다. 페름기에는 바닷속 생물들이었으며 백악기에는 공룡을 위시한 파충류였다. 그렇다면 지금 막 시작된 것으로 의심되는 대멸종 사건이 끝날 때쯤이면, 누가 가장 큰 피해자가 되어 있을까? 현재 지구 상에 가장 번성하고 있는 종은 무엇일까? 마치 공룡처럼, 인류는 자신이 멸종의 길을 걷고 있음을 미처 깨닫지 못하고 있는 것은 아닐까? 그렇다면 지구 진화의 크고 긴 역사 속에서 인간은 자기 스스로 자신의 멸종을 야기함으로써 자살의 길을 선택한 최초의 종으로 기록될지도 모를 일이다.

갈릴레오식 발상의 전환

일반적으로 사람들은 주변 상황을 판단하는 데 있어 매우 이기적인 입장을 취하며 자기 중심적으로 판단하는 경향을 보인다. 이러한 자기 중심적 관점은 일상생활은 물론 학문과 종교의 영역까지도 널리 퍼져 있어서, 우리가 과학적으로 정확하게 증명하지 못한 사실들에 대해서는 거의 대부분 자기 중심적으로 해석과 결론을 내리기 일쑤다. 많은 경우 이러한 경향은 우리로 하여금 객관적 사실을 왜곡케 하기도 하며 과학적으로 증명된 사실을 있는 그대로 받아들이지 못하도록 가로막기도 한다. 그래서 과학자들은 인간에게 내재된 이러한 자기 중심적 관점과 끊임없는 갈등 관계에 있다고 해도 과언이 아니다.

이로 인해 빚어진 과학과 종교 사이의 극단적 대립의 한 예가 바로 갈릴레오 사건이다. 밤하늘을 바라보는 인간의 자기 중심적 관점은 우주의 모든 만물들이 지구를 중심으로 회전한다는 천동설을 만들어 냈다. 지금에 와서 보면, 그것은 우주의 실체와는 너무나도 거리가 먼 것이었다. 지구는 광대한 우주의 지극히 작은 한 부분에 지나지 않았고 태양을 중심으로 회전 운동을 하는 많은 행성들 중의 하나에 불과했던 것이다. 그럼에도 불구하고 천동설은 오랜 세월 동안 흔들릴 수 없는 진리로 여겨져 왔다.

이러한 자기 중심적 관점에서 빚어진 그릇된 믿음에 갈릴레오가 이의를 제기했다. 자신의 오랜 관찰과 과학적 사고에 기초해, 지구는 태양의 주위를 도는 여러 개의 행성 중의 하나에 불과하다는 지동설을 주장했던 것이다. 지구가 태양 주위를 도는 것이라는 갈릴레오의 관점을 당시의 사람들은 도저히 받아들일 수 없었다. 천체의 중심이 지구가 아니라는 사실은 무엇보다도 인류의 자존심을 건드리는 매우 민감한 사안이었던 것이다. 모든 것의 중심이 인간이라는 그동안의 관점을 허물어뜨려야 했기 때문이다.

결국 천동설은 오류로서 역사 속에 남았고 대신 지동설이 진리로서 받아들여진다. 그럼에도 불구하고 여전히 인간의 관점은 자기 중심적이다. 무엇보다도 우주 모든 만물들이 모두 인간을 위해 존재하는 것이며 이들에 대한 관리권을 인류가 위임받았다는, '청지기' 논리도 어찌 보면 아직도 무너지지 않은 채 그대로인 인간의 자기 중심적 관점의 하나다. 산과 들, 강과 바다, 그 안에 있는 모든 것들이 인류를 위해 예비된 자원이라는 관점은 마치 모든 천체가 지구를 중심으로 돈다는 천동설과 다를 바가 없는 자기 중심적 관점이다. 자원에 대한 관리권을 넘겨받은 것으로 여기는 인류는 탐험(exploration)이라는 단어를 착취적 이용(exploitation)이라는 단어와 동일시한다. 지구의 모든 구석구석은 남김없이 탐험되었고 무분별하게 개발되었다. 인류에게 필요하다면 남김없이 닥치는 대로 사용하는 과정에서 몇 종류의 동식물이 지구 상에서 영영 없어져 버리는 것 정도는 그리 대수로운

자신에게 맡겨진 것들을 보호의 대상으로 보는 것이 아니라 착취적 이용의 대상으로 보는 잘못된 사고관으로 인해 지금 우리는 되돌리기 힘든 중대한 오류를 범하고 결국 자신의 발등을 찍게 되는 것은 아닌지, 심각하게 고민해 보아야 한다. 먼 훗날까지 이어져야 할 인류의 지속 가능성을 위해 무엇보다도 자기 중심적 사고방식을 떨쳐 버려야 할 때다.

일로 여기지도 않는다. 왜냐하면 만물의 중심에 인간이 있고 모든 것은 인간을 위해 존재한다고 여기기 때문이다.

만약 인류의 이러한 자기 중심적 관점이 오류라면 어떻게 되는 것일까? 모든 것들이 인류를 위해 존재하는 것이 아니며 인간도 지구 상의 다른 동식물들과 하등 다를 바가 없다면 말이다. 다른 동식물들과 마찬가지로 인류도 멸종으로부터 자유로울 수 없으며 인간이라는 종이 영영 사라진 후에도 여전히 지구와 다른 생물들은 아무 일도 없었던 것처럼 계속 존재할 수 있다면 말이다. 만물의 중심이 인간이 아니라는 사실은 그동안의 자기 중심적 관점을 허물어뜨려야 하는 매우 자존심 상하는 일임에 틀림없다. 마치 갈릴레오 시대의 사람들이 지구가 태양의 주위를 돈다는 사실을 인정하기 힘들었던 것처럼 말이다. 그러나 하루라도 빨리 그러한 자존심을 버리고 인간이 중심이 아니라는 갈릴레오식 발상의 전환을 해야만 인류는 먹구름처럼 다가오는 인류 멸종의 가능성으로부터 벗어날 수 있을 것이다.

2 지구의 특별한 보호막, 대기권

  우리는 동물의 몸을 머리, 몸통, 팔, 다리로 나누어 생각하기를 좋아한다. 이들이 한눈에 구별되고 각각 나름대로의 특징적인 역할과 기능도 하고 있기 때문이다. 이렇게 크게 대별해 나눈 각 부분들을 더 세밀하게 들여다보면 거기에는 생명 현상을 유지하는 데 없어서는 안 될 중요한 장기들이 들어 있다. 몸통에는 숨을 쉬는 폐, 더러운 것들을 걸러 주는 신장, 산소와 영양분을 몸 곳곳에 분배해 주는 심장, 먹은 음식 속 유기물을 분해해 영양소를 녹여 내는 위, 노폐물을 처리하는 장 등의 중요한 장기들이 자리하고 있어서 어느 하나라도 망가지면 우리의 건강은 중대한 타격을 입는다.

  지구도 그 몸을 대기권, 수권, 암석권, 생물권의 네 부분으로 나누어 볼 수 있다. 대기권은 기체, 수권은 액체, 암석권은 고체로 이루어진 부분이며 생물권은 생명이 있어서 살아 있는 것들로 이루어져 있는 부분이다. 우리와 마찬가지로 이들 각 부분에는 지구의 생명을 유지하는 데 없어서는 안 될 중요한 장기들이 자리하고 있어서 나름대로 매우 중요한 역할과 기능을 하고 있다.

투명한 옷을 입은 지구

동물은 털로, 인간은 옷으로 몸을 감싸듯, 지구는 스스로를 대기권으로 보호하고 있다. 지구의 표면으로부터 수직으로 대략 100킬로미터 높이까지를 대기권으로 보는데, 이를 다시 높이에 따른 온도 분포에 따라 대류권, 성층권, 중간권, 열권으로 나눈다. 지구의 중력에 끌리는 대기의 공기 성분들은 대부분 대류권과(고도 10킬로미터까지) 성층권에(고도 10에서 50킬로미터까지) 몰려 있어서, 중간권과 열권은 사실상 진공이나 다름없다.

대류권에서는 고도가 올라가면서 온도가 낮아지며 성층권에서는 반대로 고도에 따라 온도가 높아진다. 대류권과 성층권에서의 정반대의 온도 분포는 대기의 주요 물질들, 특히 물이 우주로 달아나지 않도록 잡아두는 데 매우 중요한 역할을 한다. 차가운 공기는 밑으로 내려가려 하고 반대로 뜨거워진 공기는 위로 올라가려 하기 때문에, 아래쪽이 뜨겁고 위가 차가운 대류권은 매우 불안정할 수밖에 없다. 끊임없이 위 아래의 공기가 서로 자리를 바꾸면서, 바람이 불고 구름도 생기며 비가 오고 천둥 번개가 치는 등 격렬한 기상의 변화가 일어난다. 반대로 아래는 차갑고 위로 가면서 더워지는 성층권은 위아래의 공기가 자리를 바꿀 필요가 없기 때문에 매우 안정하다. 대류권에서는 기상 변화로 난리법석이 일어나고 있지만 위쪽 성층권은 눈 하나 까딱하지 않고 요지부동으로 꼼짝 않고 있는 것이다.

우주에서 바라보면 이것은 마치 대류권을 성층권이라는 투명한 유리막으로 감싸놓은 것과 같은 느낌을 준다. 커다란 구름 덩어리들이 변화무쌍하게 움직여 다니고 위로 치솟아 금방이라도 우주로 달아나 버릴 것 같지만 실제로는 성층권이라는 투명한 유리병에 갇혀 있는 것이나 다름없는 것이다.

성층권의 온도 분포가 안정한 것은 성층권의 위쪽에 있는 오존층이 태양으로부터 쏟아지는 자외선의 에너지를 계속 흡수하면서 온도가 올라가기 때문이다. 성층권의 오존층은 생물에게 치명적인 자외선을 차단해 줄 뿐만 아니라 성층권의 안정한 온도 분포를 유지함으로써 지구의 외부를 두껍고 투명한 옷으로 덧입히는 중요한 역할을 하고 있다. 만약 성층권에 오존층이 없다면 어찌될까? 물론 자외선이 우리를 괴롭히기도 하겠지만 무엇보다도 우리에게 없어서는 안 될 물을 잃게 된다. 오래전 금성과 화성에서 일어났던 일처럼 말이다. 지구는 죽게 되는 것이다.

성층권은 지구 주변을 감싸고 있어서 우주로 달아나려는 공기와 물을 가로막아 대류권 속에 온전히 가두어 놓는 역할을 하고 있다. 높이 오르던 구름도 화산 폭발로 치솟는 분출물도 이 성층권에 가로막혀 더 이상 지구를 벗어나지 못한다.

온실 효과의 빛과 그림자

온실 효과를 일으키는 주요 성분은 수증기(물), 이산화탄소, 메탄 등이다. 최근 지구 온난화 현상과 관련해 이산화탄소의 온실 효과가 관심을 끌고 있지만 정작 주변에서 일어나는 온실 효과에 가장 크게 기여하는 물질은 다름 아닌 수증기다.

사막과 열대 우림에서의 하루를 각각 상상해 보면 수증기의 온실 효과가 어떤 역할을 하는지 쉽게 이해할 수 있다. 뜨거운 태양빛이 작열하는 한낮의 사막에서 직사광선을 받은 땅이 뜨겁게 달아오르면 수은주가 40~50도를 넘나든다. 그러나 밤이 찾아와 태양이 사라지면 수은주는 곧바로 곤두박질치기 시작하고 극히 건조한 사막에서는 영하의 온도까지 기온이 내려간다. 열을 공급해 주던 태양이 없어져 버렸기 때문이다.

이와는 달리, 열대 우림에서는 밤이 되어도 수은주가 내려갈 줄을 모른다. 열원인 태양이 없어졌는데도 공기 중에서 계속 열이 공급되기 때문이다. 그 열원은 다름 아닌 공기 중의 수증기다. 한낮에 태양이 내려 쪼이면 수증기는 열을 흡수해 잔뜩 들떠 있게 된다. 그러다가 밤이 되면 수증기는 다시 차분히 가라앉은 상태가 되면서 가지고 있던 열을 밖으로 내놓는다. 따라서 공기 중에 수증기가 많으면 태양이 없는 밤이 되어도 기온이 떨어지지 않고 유지되는 것이다.

만약 대기 중에 수증기가 없었다면 지구의 온도는 밤낮으로 큰 폭으로 요동쳤을 뿐만 아니라, 평균 온도도 매우 낮았을 것이다. 지구의 현재 평균 온도는 섭씨 영상 15도 정도인데, 만약 수증기의 온실 효과가 없었다면 평균 온도가 섭씨 영하 20~40도에 낮에는 뜨겁고 밤에

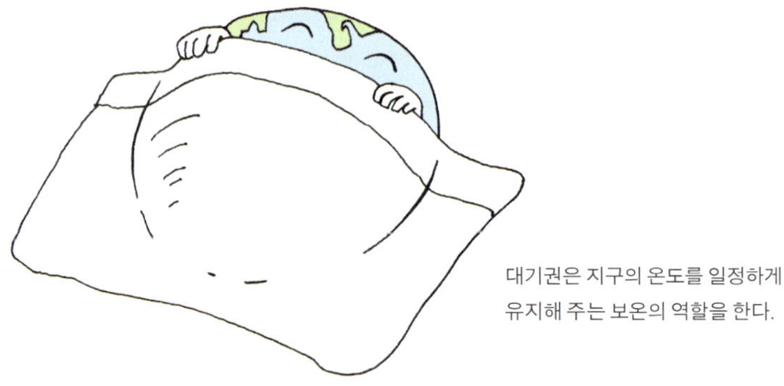

대기권은 지구의 온도를 일정하게
유지해 주는 보온의 역할을 한다.

는 얼어붙는 두 극단을 오르락내리락했으리라 추정된다. 아마도 생물이 살아가기에 매우 힘든 극한 상황이었을 것이다. 따라서 온실 효과 자체는 지구 상에서 생물권이 유지되는 데 없어서는 안 될 매우 중요한 현상이다. 우리가 추우면 담요를 덮듯 대기의 온실 효과는 지구를 감싸는 보온 역할을 담당하고 있는 것이다.

이산화탄소의 온실 효과로 인한 지구 온난화가 지구촌 곳곳에서 환경 재앙을 일으키면서, 온실 효과라는 단어가 다소 부정적인 의미로 다가온다. 온실 효과가 왠지 인류에게 피해를 주고 문제를 일으키는 현상으로 여겨지기 시작한 것이다. 그러나 정작 문제의 핵심은 온실 효과 자체에 있는 것이 아니고 이산화탄소에 있다.

지구 상의 동식물들은 오랜 세월 동안 수증기의 온실 효과로 나타나는 기후 패턴에 적응하며 살아 왔다. 그런데 대기 중의 이산화탄소 농도가 증가하면서 수증기에 의한 온실 효과에 이산화탄소의 온실 효과가 중첩되기 시작한 것이 문제의 발단이다. 그동안 우리가 적응해 온 기후 패턴이 갑자기 바뀌기 시작한 것이다. 문제는 기후 패턴이 바뀌는 정도가 너무 빨라 많은 동식물들은 물론 인간도 급작스럽게 바뀌는 기후 패턴에 적응하지 못하고 큰 어려움을 겪고 있다. 이러한 급변하는 기후 패턴의 충격을 줄이기 위해 인류는 대기 중으로 방출하는 이산화탄소의 양을 조금이라도 줄여야 한다. 어쩌면 주된 에너지원을 화석 연료에서 원자력 연료로 전환해야 할 시점에 서 있는 것인지에 대해서도 심각하게 고민해 보아야 할 것이다.

돌고 도는 기후 패턴

데워진 공기는 가벼워지면서 위로 올라가려 하고 차가운 공기는 상대적으로 무거워져 아래로 내려가려 한다. 온도에 따른 이러한 밀도 차이로 인해 대기권의 가장 낮은 영역에서는 공기의 커다란 흐름인 대류 현상이 나타난다. 그래서 이 영역을 대류권이라 한다.

태양빛이 직각으로 내리쬐는 적도 근처의 달구어진 공기는 바닷물 표면에서 증발된 더운 수증기를 품은 채 솟구쳐 올라가며 상승 기류를 형성한다. 수킬로미터의 높은 상공으로 올라간 공기 덩어리는 낮아진 기압으로 인해 갑자기 팽창하고 온도가 급격히 떨어지면서 뭉게구름을 만들기 시작한다. 이렇게 만들어진 구름은 이내 적도 인근 지역에 많은 비를 뿌린다. 브라질의 아마존 정글, 아프리카의 밀림, 인도네시아 인근의 열대 우림 등 짙은 초록색 지형이 적도를 따라 집중되어 있는 것은 바로 이 때문이다.

적도 인근에 비를 쏟아 버리고 건조해진 공기 덩어리는 차갑게 식으면서 다시 무거워지기 시작한다. 위도상으로 30도 근처에 도달하면, 무거워진 공기 덩어리가 이제는 거꾸로 땅을 향해 내려가며 하강 기류로 바뀐다. 덥고 습했던 상승 기류와는 정반대로 하강 기류는 건조하고 차가워져서 남·북위 30도 주변 지역에는 구름도 없고 비도 오지 않는 매우 건조한 기후가 형성된다. 아프리카의 사하라 사막, 중동의 사막 지대, 아프가니스탄의 건조 지대, 미국의 네바다 사막, 오스트레일리아의 사막 지대와 같은 노란색 지형이 모두 남·북위 30도선을 따라 분포되어 있는 것도 이 때문이다.

이렇게 다시 땅으로 내려간 하강 기류는 상승 기류가 뒤에 남긴 빈 공간을 메우기 위해 지구의 표면을 따라 다시 적도를 향해 움직이며 '무역풍'이라 부르는 커다란 바람이 된다. 적도를 떠난 공기 덩어리가 한 바퀴 먼 여행을 마치고 다시 적도로 되돌아오는 것이다.

대류 현상으로 인해 이렇게 순환하는 공기 덩어리의 긴 여행은 적도뿐만 아니라 남·북위 60도 근처에서도 시작된다. 남·북위 60도 지역에서 형성된 상승 기류는 주변 지역에 비를 뿌리고 높은 상공을 따라 이동한 후, 하강 기류가 되어 남·북위 30도 지역으로 내려갔다가 이번에는 편서풍이 되어 남·북위 60도 지역으로 되돌아온다. 북유럽과 캐나다의 삼림과 시베리아의 초록색 툰드라가 북위 60도선을 따라 놓여 있는 것은 이 때문이다.

이같이 컨베이어 벨트가 돌아가듯 끊임없이 계속되는 공기 덩어리의 긴 여행은 지구 표면의 기후 패턴과 동식물의 분포를 결정한다. 우주에서 찍은 둥근 지구의 사진 속에는 이와 같은 대류 현상이 빚어 놓은 결과가 잘 나타나 있다. 적도와 북위 60도선을 따라 상승 기류가 만든 하얀 구름이 지구를 잔뜩 가리고 그 사이로 짙은 초록색의 열대 삼림과 온대 삼림이 보이는 것과는 대조적으로 북위 30도선을 따라서는 청명한 하늘을 뚫고 건조 지역의 옅은 고동색 육지의 모습이 선명하게 드러나 있는 것을 보게 된다.

적도를 따라 녹색의 열대 우림이, 북위 60도선을 따라 녹색의 온대 삼림이 분포하지만 북위 30도선을 따라서는 황색의 사막과 건조 지대가 집중되어 있다. 이는 공기의 대류 패턴이 빚어낸 육지의 식생 분포를 잘 보여 준다.

방어막 대기권

생명체는 자신을 외부로부터 보호해 생명을 유지하는 나름대로의 장치를 갖기 마련이다. 인간은 기본적으로 피부가 그 역할을 담당하며 다시 옷을 덧입는다. 동물들도 피부와 긴 털로 자신을 덮는다. 식물은 온몸을 나무 껍질로 감싸서 자신을 보호한다. 살아 있는 지구도 이와 마찬가지로 자신을 지키기 위한 장치를 가지고 있는데 그것이 바로 대기권이다. 초생명체로서의 지구는 동물보다는 식물에 가깝다. 식물의 나무 껍질과 마찬가지로 대기권도 생명이 없는 죽은 조직이다. 하지만 대기권은 바로 그 아래에 얇게 분포하고 있는 살아 있는 생물권의 생명체들이 생명을 유지하는 데 있어 없어서는 안 될 매우 중요한 조직이다.

대기권 밖의 우주로부터는 항상 위험한 광선과 물질이 지구를 향해 날아든다. 알파선, 베타선, 감마선, 높은 에너지의 양성자로 이루어진 우주 방사선(cosmic ray)은 원자 폭탄이나 수소 폭탄이 폭발할 때 발생하는 것과 같은 매우 높은 에너지의 입자들과 빛이다. 먼 우주의 별들과 태양에서 발생해 지구에 쏟아지고 있는 이 치명적인 우주 방사선은 대기권의 바깥 부분에 해당하는 열권과 중간권에서 질소나 산소 입자와 충돌하면서 모두 차단되어 없어진다. 열권과 중간권에서도 걸러지지 않은 채 그대로 통과해 들어오는 위험한 광선으로는 자외선이 있는데 이것도 성층권에 도달하면 오존층의 오존과 충돌하면서 모두 에너지를 잃고 흡수되어 없어져 버린다. 결국 우주 방사선과 자외선은 대류권까지 들어오지 못하고 성층권 바깥에서 모두 소멸하는 것이다.

이러한 입자나 광선 외에도 별이나 행성이 폭발할 때 나온 무수히 많은 파편들이 우주를 떠돌아다니다가 유성(meteor)이 되어 지구로 떨어진다. 먼 과거 화성과 목성 사이에는 또 하나의 다른 행성이 있었는데 외계의 다른 물체와 충돌하면서 산산조각으로 깨져 지금은 그 깨진 조각들만 남아 화성과 목성 사이의 궤도상에 널리 퍼져 돌고 있다. 이 소행성(asteroid) 가운데 가끔 궤도를 이탈한 조각이 태양계의 다른 행성으로 날아가 충돌하기도 한다. 경우에 따라서는 크기가 집채만 하거나 심지어 지름 수킬로미터에 이를 수도 있다.

우주를 떠돌다 중력에 끌려 지구로 떨어지는 유성은 지구 상의 생명체에게는 치명적인 것들이다. 하지만 대부분의 우주진과 소행성은 공기와의 마찰로 인해 지상에 떨어지기도도 전에 다 타서 없어져 버린다. 맑은 날 밤하늘을 보면 꼬리를 그리며 떨어지는 유성의 모습을 쉽게 볼 수 있다. 커다란 소행성의 경우에는 대기권에 튕겨 나가 우주의 다른 곳으로 날아가 버리기도 하는데 지난 1972년에는 미국의 옐로스톤 국립 공원에서 관광객이 촬영하던 활동 사진에 밝은 빛의 꼬리를 끌고 대낮의 하늘을 가로지르며 대기권에서 튕겨 나가는 거대한 소행성이 우연히 찍히기도 했다.

만약 지구의 대기권이 화성처럼 매우 희박했다면 이러한 우주 방사선, 유해 광선, 유성, 소행성으로부터 지구는 무방비 상태나 마찬가지였을 것이다. 나무 껍질이 벗겨져 밑에 있던 조직을 다 드러낸 나무와 같이 지구의 생물권은 시들시들 말라 아마도 지구는 화성과 같은 죽은 행성이 되고 말았을 것이 분명하다.

대기권은 우주에서 날아드는 온갖 위험한 물질과 광선을 차단해 지구의 생명을 '보호'하는 역할, 온실 효과를 통해 지구의 평균 온도를 일정하게 유지해 주는 '보온' 역할, 대류 현상을 통해 공기 중의 물질과 에너지를 나누어 주는 '분배'의 역할을 한다.

3 지구에 생명을 주는 수권

지구에서 액체인 물로 이루어진 부분을 수권이라 하며 이는 물고기와 같은 수중 생물의 주요 생활 공간이다. 따라서 물고기들은 굳이 배우지 않아도 체험을 통해 물의 성질에 대해 너무도 잘 알고 있을 것이다. 하지만 이 수중 생물들에게는 자신의 생활 공간인 물을 관리할 권한이 주어지지 않았다는 것이 문제다. 수권이 망가지더라도 자신들로서는 어찌 해볼 방법이 없는 것이다.

대기권과 수권은 서로 분리된 채 따로 따로 자신의 역할과 기능을 수행하는 것이 결코 아니다. 서로 밀접하게 맞물려 있어서 만약 수권이 망가지면 우리의 생활 공간인 대기권의 기능도 이상이 생길 수밖에 없다. 바로 인간이 비록 자신의 생활 영역은 아니지만 수권에 대해 많은 관심을 가져야 하는 이유다.

그런데 문제는 우리가 일부러라도 각별한 관심을 갖지 않으면 물

밑에서 어떤 일이 일어나고 있는지를 전혀 알지 못한다는 것이다. 물 밑에도 숲이 있고 그 사이를 유유히 떠다니거나 바닥을 기는 동물들이 있지만 그것들이 평소 눈에 보이지 않기 때문이다. 공기 대신 물로 채워져 있을 뿐 우리가 사는 대기권이나 다를 바가 없는데도 그것이 우리 눈에 보이지 않기 때문에 그저 아무 일도 없는 것처럼 착각한다. 수권의 생물들이 인간에게 무엇보다도 간절하게 바라고 있는 것은 바로 관심이다.

물이 없으면 행성은 죽는다

멀리 우주에 나가 바라본 지구는 근처의 금성이나 화성이 노란색인 것과는 대조적으로 아름다운 짙은 파란색을 띠고 있다. 지구 표면의 70퍼센트 정도가 물로 덮여 있기 때문이다. 주로 육지에서 생활하는 우리 눈에는 대부분 땅만 보이지만 사실상 지구는 온통 바다로 덮여 있는 것이나 다름없다.

사람의 몸도 대부분 물로서 몸을 구성하는 물질의 60~70퍼센트가 물로 이루어져 있다. 그래서 물을 마시지 않으면 일주일도 버티지 못하고 죽게 된다. 사람이 자신이 가지고 있는 물의 2퍼센트를 잃어버리면 그때부터 갈증을 느끼기 시작하고 15퍼센트 정도의 물을 잃으면 죽음을 넘나들게 된다. 이러한 사실에 착안해 음료수에 '2프로'라는 상품명을 붙이기도 했다. 전쟁터에서 사망하는 군인의 대부분이 치명적인 총상이 아닌 출혈 과다로 사망한다는 미군의 최근 통계도 있다. 응급 처치의 여러 과정 중에서 지혈을 무엇보다도 중요시하는 것도 바로 이런 이유 때문이다. 몸이 가지고 있는 물을 잃지 말고 최대한 지켜야만 살 수 있는 것이다.

　행성도 사람과 마찬가지로 물이 없으면 죽는다. 많은 과학자들은 오랜 옛날 금성이나 화성도 현재의 지구와 같이 물이 많았을 것이라 추측하고 있다. 하지만 어떤 이유로 인해 이들 두 행성은 물을 모두 잃어버리고 지금과 같은 죽은 행성이 되었다.

　현재 인류가 진행하고 있는 우주 탐사의 한 중요한 부분이 바로 외계 생명체를 찾는 프로젝트다. 이 프로젝트가 가장 주목하는 것은 과연 어떤 우주 행성에 물이 존재하느냐다. 물 없이는 어떤 생명체도 자신의 생명을 유지할 수 없기 때문에 물이 없다면 사실상 생명체가 없다고 봐야 하는 것이다. 아직도 화성의 땅 밑에 물이 남아 있다는 관측 결과와 목성의 네 번째 위성인 유로파(Europa) 표면이 두꺼운 얼음 층으로 덮여 있다는 발견이 과학자들의 눈을 번쩍 뜨이게 하는

사람과 마찬가지로 행성도 물이 없으면 죽는다. 오래전 과거에는 금성, 화성, 지구가 모두 대동소이한 모습으로 태어났다고 한다. 하지만 성장 과정에서 금성과 화성이 죽은 행성이 된 것은 결국 물을 다 잃어버렸기 때문이다. 화성의 극지방 땅속에 아직도 물이 얼음 상태로 남아 있다는 것이 최근 확인되면서 과학자들의 큰 관심을 끌고 있다.

이유다.

우연이든 필연이든 지난 46억 년이라는 긴 세월 동안 지구가 지금처럼 많은 양의 물을 잃지 않고 그대로 가지고 있었던 것은 우리에게는 참으로 다행스러운 일이다. 우리를 위해서 그리했다기보다는 지구가 스스로 자기 생명을 유지하기 위해서 모든 가능한 방법을 동원해 자신이 가진 물을 지켜 왔는지도 모를 일이다. 우리는 지구로부터 혜택을 거저 받아 누리고 있는 것에 불과한 것이다. 그렇게 안간힘을 써서 물을 지켜 온 지구를 위해 우리가 조금이나마 보답할 수 있는 길은 그 물을 가능한 더럽히지 않고 깨끗하게 유지하는 것이리라.

물은 흘러야 한다

지구 표면의 70퍼센트는 물로 덮여 있어서 우리 주변은 온통 물로 채워져 있다 해도 과언이 아니다. 하지만 문제는 그러한 물의 거의 대부분인 97퍼센트가 바닷물이라는 점이다. 여름 휴가철이 되면 사람들은 해수욕장에서 바닷물을 튀기며 즐겁게 물놀이를 한다. 하지만 정작 그 물의 짠 맛이 도대체 어디에서 온 것인지를 생각해 보면 이내 미간을 찡그릴 것이 분명하다. 음식을 통해 먹은 배설물 속 소금, 욕실에서 씻어낸 땀, 온갖 음식 쓰레기에서 스며나온 소금, 이 모든 것들이 결국 하천을 따라 바다로 흘러들어 물을 짠물로 만드는 데 기여한다. 결국 바다는 물을 담아 두는 저장소의 역할을 하지만 동시에 육지의 모든 더러운 것들이 버려지는 정화조의 역할도 함께 하고 있는 것이다.

흔히 사람들은 깨끗함을 유지하기 위해 물을 저장하는 장소와 버리는 장소를 최대한 멀리 떨어뜨려 놓기 마련이다. 하지만 지구에서는 이 두 장소를 한군데에서 합쳐버린 셈이다. 그러다 보니 정화조 물에서 깨끗한 물을 빼서 먹어야 하는 난감한 상황이 되었다. 다행히 지구는 더러운 바닷물로부터 깨끗한 물만 걸러 육지에 사는 생명체들에게 공급해 주는 아주 기발하고 효율적인 장치를 가지고 있다. 바로 '물의 순환(water cycle)'이라 부르는 순환계다.

물의 순환의 원동력은 태양으로부터 온다. 태양빛이 쪼여 바다를 따뜻하게 데우면 표면으로부터 열을 잔뜩 머금은 수증기가 증발한다. 바다 표면 위의 공기 덩어리가 이 수증기를 받아 따뜻해지면 위로 치솟아 올라가는 상승 기류를 형성한다. 상승 기류가 높은 고도로 올라가면 기압이 급격히 떨어져 갑자기 팽창하고 팽창하는 공기 덩어리의 온도가 떨어지면 그 안에서 구름이 만들어지기 시작한다. 이렇게 만들어진 구름은 바람을 타고 육지 쪽으로 이동하다가 산과 같은 높은 지형을 만나면 비를 뿌린다. 바로 짠물에서 깨끗한 물을 뽑아 온 것이다.

빗물은 낮은 곳을 향해 흐르면서 시냇물이 되고 이내 하천이 되어 주변 생물들에게 깨끗한 물을 한껏 제공한다. 깨끗한 물만 제공하는 것이 아니고 생물들이 남긴 온갖 더러운 것들을 씻어내려 하천을 통해 바다로 가져간다. 청소부의 역할도 병행하게 되는 것이다. 바다에서 증발한 수증기가 산으로 하천으로 여행을 하며 깨끗한 물을 공급해 주고 마침내 더러운 물이 되어 바다로 다시 되돌아오는 물의 순환에는 대략 일주일이 걸린다.

지구가 아무리 많은 물을 가지고 있어도 일주일을 주기로 하는 이 순환이 제대로 작동해 주지 않으면 아무런 소용이 없다. 생명체가 필요로 하는 것은 더럽고 짠 바닷물이 아니고 깨끗한 물이기 때문이다. 그런데 최근 지구 온난화로 인한 기상 이변으로 중국 주변 지역에서는 쏟아 붓는 폭우로 극심한 홍수가 빈발하는가 하면, 반대로 동남아시아 열대 우림, 북유럽, 오스트레일리아 등지에서는 수년간 지속된 강수량 부족으로 혹독한 가뭄이 이어지면서 물의 순환에 이상이 생긴 것은 아닌지 의심케 하고 있다. 때로는 너무나 많은 비가 와서 물난리가 나기도 하지만 물이 없어서 겪는 고통이 우리에게는 훨씬 더 치명적이다. 역사 속으로 사라진 마야 문명이나 아나사지 문명 같은 몰락한 문명들의 경우에서 대부분 장기간의 가뭄 끝에 사회가 붕괴했다는 사실은 바로 물의 순환과 관련해 많은 것을 되짚어보게 한다.

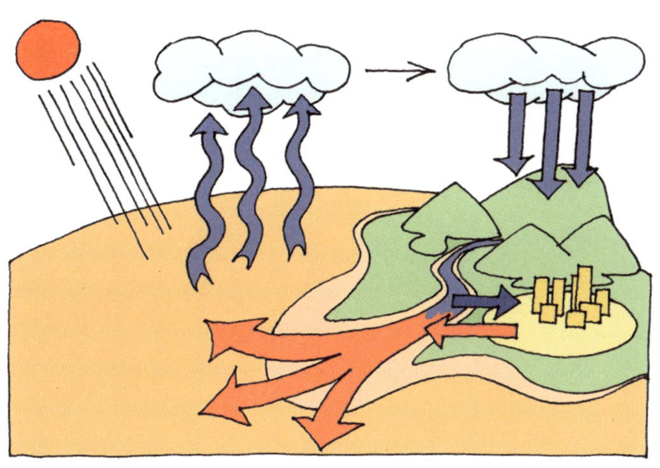

물의 순환의 원동력은 태양으로부터 쏟아지고 있는 빛 에너지다. 태양 에너지를 받아 바닷물에서 증발된 수증기는 구름이 되어 육지에 비를 뿌리고 빗물은 생물권에 깨끗한 물을 공급하는 동시에 더러운 쓰레기들을 씻어내려 바다로 가져간다.

습지는 정화 장치

주거 공간에는 반드시 정화조가 하나씩 설치되어 있다. 화장실에서 버려지는 배설물과 싱크대를 통해 버려지는 온갖 더러운 덩어리들은 일단 정화조에 들어오면 바닥으로 가라앉고 물만 하수구로 내보낸다. 이렇게 더러운 것들이 정화조 안에 계속 쌓이면 커다란 탱크로리 차를 이용해 의무적으로 퍼내게 된다.

바다는 육지에 사는 생물권에서 버려진 온갖 더러운 것들이 모이는 지구의 정화조다. 이 지구의 정화조 안에 쌓인 더러운 것들은 누구에게 의뢰를 해 퍼내야 할까? 지난 긴 세월 동안 바다가 썩지 않고 온전한 모습을 유지해 온 것을 보면, 분명 누군가는 이 쌓여만 가는 더러운 것들을 열심히 퍼내어 없애고 있었던 것이 분명하다. 바다의 어디엔가는 정화조를 항상 깨끗한 상태로 유지해 주는 효율적인 정화 장치가 있는 것이다.

그 정화 장치가 바로 습지다. 아주 미세한 입자들이 빼곡히 쌓여 만들어진 습지는 하천을 통해 내려오는 더러운 것들을 걸러서 처리해 주는 일종의 거대한 필터다. 이 필터 속에는 눈에 보이지 않는 엄청나게 많은 미생물들이 살면서 걸러든 유기물들을 먹어치워 없애 버린다. 이 미생물들은 정화 장치의 핵심 부품으로 사람으로 치면 정화조를 청소해 주는 용역업체 아저씨들인 셈이다.

물이 흐르는 곳에는 어디든 습지가 형성되고 미생물들이 번성한다. 하천 주변으로는 하천 습지가, 하천과 바다가 서로 만나는 강의 하구에는 해안 습지가 형성되어 육지에서 유입되는 유기물들을 걸러내어 가능한 깨끗한 물을 바다로 내보낸다. 특히 우리나라의 서해안과 같이 경사가 완만한 해안가를 따라서는 넓은 해안 습지가 형성되면서 밀물 때 들어온 바닷물속 유기물들을 걸러서 썰물 때는 깨끗한 바닷물로 내보내는 중요한 역할을 한다.

서해안과 같이 완만한 경사를 가진 넓은 해안은 의외로 드물어서, 우리나라 서해안을 따라 발달된 일련의 갯벌들은 세계에서 유사한 예를 찾기 힘든 매우 잘 발달된 해안 습지다. 이 갯벌들은 바닷물속의 유기물을 걸러내어 없애 주는 가장 우수한 바닷물 정화 장치로 어떤 대가를 치르더라도 반드시 보호되어야 하는, "살아 있는 지구"에 없어서는 안 될 가장 중요한 부분 중의 하나다. 마치 인체에서 신장이 혈액을 필터로 걸러서 깨끗하게 유지해 주는 것처럼, 습지는 물속의 온갖 더러운 것들을 거르고 처리해 수중 생태계를 깨끗하게 유지해 주는 핵심 장치이기 때문이다.

이를 간과한 채 지난 십수 년의 짧은 기간에 서해안을 따라 잘 발달되어 있던 우리나라의 대표적 습지인 갯벌들을 무분별하게 마구 망가뜨려버린 것은 오만해진 인간이 지구의 얼굴에 엄청나게 깊은

습지는 물을 통과시켜 불순물을 걸러내는 필터나 마찬가지여서 인체로 치면 마치 신장과 같다. 우리나라의 서해안에는 세계 어디에서도 찾아보기 힘든 매우 잘 발달된 엄청난 규모의 해안 습지가 있어서 밀려들어온 바닷물이 쓸려 나갈 때마다 그 속의 더러운 것들을 걸러내어 분해한다.

상처를 입힌 것이나 다름없다. 지구의 강한 자기 치유 능력으로 결국 상처는 아물겠지만 그 흉터는 아마도 몇 세대를 거쳐 오랫동안 후손들에게 영향을 미치게 될 것이다.

해류의 여행

파란 배경 위로 하얀색 구름이 휘감으며 이동하는 지구의 모습을 멀리 우주에서 바라보면 대류권의 공기가 일정한 방향으로 계속 움직이고 있다는 것을 알 수 있다. 바로 공기의 대류 현상이다. 이와 마찬가지로 지구 표면의 대부분을 덮고 있는 해양의 바닷물도 마치 무엇인가로 휘젓고 있는 것처럼 일정한 패턴을 보이며 서서히 움직이고 있다.

액체를 차갑게 식히면 밀도가 높아진다. 차가운 물이 더운 물보다 상대적으로 무겁다는 것을 의미한다. 또한 물에 소금을 녹여도 밀도가 커진다. 소금물이 순수한 물보다 더 무거워지는 것이다. 이 두 가지 현상이 원동력이 되어 해양의 바닷물은 서서히 움직이게 되고 여기에 공기의 대류 현상에 의해 생기는 바람의 힘이 가세하면 바닷물의 거대한 흐름인 해류를 형성한다.

적도 지방의 따뜻하고 가벼운 바닷물은 해양의 표면을 타고 서서히 극지방을 향해 이동한다. 이동하는 바닷물은 증발 현상으로 인해 대기 중에 수증기를 내놓게 되는데, 이때 자신이 가지고 있던 열도 함께 내어 준다. 이 과정에서 바닷물은 점점 차가워지고 소금 농도 또한 짙어진다. 결과적으로 해양의 표면을 따라 이동하면서 바닷물은 점점 더 무거워지는 것이다.

극지방 근처에 다다르면 차가워지고 무거워진 바닷물은 밑으로 가라앉고 이제까지와는 반대 방향으로 깊은 바다 밑을 따라 적도 지방을 향해 되돌아가기 시작한다. 심해를 통해 적도 지방으로 돌아온 바닷물은 다시 따뜻해지면서 위로 솟아 올라가게 되고 표면으로 올라와 태양열로 데워지면 다시 극지방을 향해서 또 다른 여행을 시작한다. 이러한 바닷물의 이동 경로는 마치 컨베이어 벨트와도 같아서, 적도 지방과 극지방 사이를 계속 오가면서 적도 지방의 열을 고위도 지방에 전해 주고 그 대신 그곳에 있던 풍부한 플랑크톤과 유기물을 적도 지방으로 옮겨 온다.

플랑크톤은 산소가 적은 더운 물을 싫어해서 적도 지방의 바닷물 속에는 별로 살지 않는다. 적도 인근 휴양지의 바다가 유난히 맑고 투명한 것은 바로 이 때문이다. 먹을 영양분이 적다 보니 적도 지방의

해류는 물질과 에너지를 지구 곳곳에 골고루 분배해 주는 중요한 역할을 한다. 뜨거운 적도 해역의 열 에너지를 고위도 지역에 전해 주고 고위도 해역에 풍부한 영양분과 유기물을 적도 해역으로 옮겨 온다.

물고기들은 대부분 몸이 홀쭉하고 납작하다. 반면 고위도 지방의 차가운 바닷물속에는 플랑크톤이 많이 살고 있어서 물 색깔이 비교적 혼탁하다. 먹을 영양분이 많다 보니 물고기들도 덩치가 크고 통통하다. 이처럼 고위도 지방의 바닷물속에는 유기물과 물고기가 풍부한데 차가워진 바닷물이 심해를 따라 적도 지방으로 되돌아가면서 이들을 함께 끌고 가게 되는 것이다.

결국 해류는 바닷물을 휘저어 적도 지방의 열과 고위도 지방의 풍부한 유기물을 지구의 이곳저곳으로 골고루 분배해 주는 중요한 역할을 한다. 깨끗한 물을 지구의 이곳저곳에 나누어 주는 물의 순환(water cycle)과 함께, 해류는 살아 있는 지구가 가진 대표적인 순환계의 하나다.

대서양 컨베이어 벨트

바닷물은 해류라는 거대한 순환계를 통해 적도 지방의 열과 고위도 지방의 유기물을 지구의 각 지역에 골고루 분배해 준다. 이와 같은 바닷물의 이동 현상에 따른 열의 분배는 육지에서의 기후 패턴에도 큰 영향을 준다. 특히, 유럽 인구 밀집 지역의 인근 해역을 거쳐 가는 거대한 해류 시스템인 '대서양 컨베이어 벨트(Atlantic Conveyor Belt)'의 변화가 가져올 결과에 대해 인류가 주목할 필요가 있다.

지구본을 이리 저리 돌리면서 우리가 잘 알고 있는 주요 도시들이 위도 상으로 어떤 위치에 있는지를 한번 비교해 보면 대서양 컨베이어 벨트가 기후 패턴에 미치는 영향을 쉽게 가늠해 볼 수 있다. 북위 45도 근처에 있는 대표적인 도시들로 동계 올림픽이 열렸던 캐나다

몬트리올과 일본 홋카이도 삿포로를 들 수 있으며 러시아 블라디보스토크를 비롯해 코언 형제의 영화로 알려진, 온통 눈으로 뒤덮인 미국 미네소타 주 파고가 있다. 이 도시들은 모두 겨울이 유난히 길고 혹독한 것으로 잘 알려진 곳이다.

그런데 비슷한 위도의 서유럽 주요 도시들을 보면 춥고 긴 겨울과는 거리가 멀다. 프랑스 파리, 포도주의 주산지인 보르도, 이탈리아 밀라노 등이 모두 북위 45도 근처에 있으며 심지어 영국 런던, 네덜란드 암스테르담, 독일 베를린 등은 북위 45도보다 600~800킬로미터 훨씬 더 북쪽에 위치하고 있음에도 불구하고 비교적 따뜻한 겨울을 보내는 살기 좋은 도시들이다. 한반도의 최북단보다도 훨씬 더 북쪽

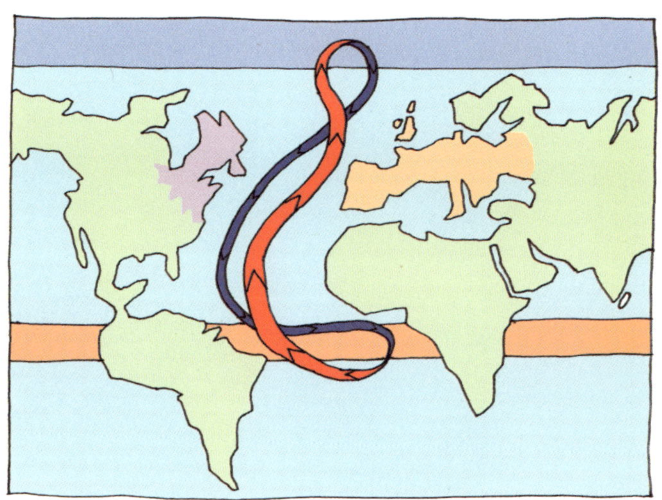

유럽의 겨울이 유난히 온화한 것은 '대서양 컨베이어 벨트'라 불리는 커다란 해류가 더운 적도 지방으로부터 열 에너지를 실어와 유럽 지역에 풀어놓기 때문이다. 만약 이 벨트가 멈추어 서게 되면 유럽 전역에서는 혹독한 겨울을 맞게 될 것으로 예상되는데, 북극 빙하가 녹으면서 이 대서양 컨베이어 벨트의 속도가 완연하게 느려진 것이 관찰되었다.

에 있는 유럽 주요 도시의 겨울이 놀라울 정도로 따뜻한 이유는 바로 대서양 컨베이어 벨트가 적도 지방으로부터 실어다 준 따뜻한 열에너지 덕분이다.

최근 연구에 따르면 지구 온난화로 녹은 북극 빙하의 물이 바닷물과 섞이면서 소금물의 농도가 옅어져 대서양 컨베이어 벨트의 움직임이 지난 10여 년 사이에 30퍼센트가량 둔해졌다고 한다. 만약, 대서양 컨베이어 벨트가 멈추어 선다면 유럽의 도시들에 어떤 일이 일어날지 쉽게 상상할 수 있다. 적도 지방으로부터 공급되던 열 에너지가 차단되면서 길고 혹독한 겨울이 닥칠 것이 분명하다. 지구의 전체 평균 온도가 상승하는 지구 온난화에 의해 유럽에는 오히려 극심한 한파가 닥치게 된다는 것은 정말 아이러니가 아닐 수 없다.

4 암석권이라는 얇은 세계

우리가 발붙이고 사는 땅을 우리는 고작 개발과 투자의 대상으로만 여길 뿐, 그곳으로부터 얼마나 많은 혜택을 받으며 살고 있는지를 잊어버린 채 살아가는 것은 아닌지 모르겠다. 땅은 무엇보다도 우리가 먹는 모든 먹을거리가 시작되는 곳이다. 암석권의 표토에서 자란 곡식, 야채, 과일 등 모든 식물성 먹을거리는 흙으로부터 제공되는 각종 미네랄 성분이 없이는 경작될 수 없는 것들이다. 식물이 표토로부터 흡수한 각종 미네랄 성분들은 광합성 작용으로 만들어진 탄수화물과 함께 먹이 사슬을 통해 땅 위에 사는 모든 동식물에게 골고루 분배된다.

뿐만 아니라 석유, 석탄, 석회, 철, 알루미늄, 실리콘 등 우리가 사용하는 온갖 물질 자원과 에너지 자원의 대부분이 암석권 속에 지하 자원으로 묻혀 있던 것들을 캐내 얻게 된 것들이다.

산업 혁명 이후 인류가 암석권 속에 포함되어 있던 온갖 자원을 꺼내 쓰는 속도는 놀라울 정도로 빨라졌고 동시에 그 자원을 사용하고 남겨진 쓰레기를 땅속에 되묻기에 바빴다. 이제는 잠시 숨을 고르고 뒤에 남겨진 온갖 파헤쳐진 상처와 원래의 기능을 상실한 오염된 땅을 되돌아보며 이제는 그나마 남아 있는 지구의 건강한 피부를 소중하게 여겨야 할 때가 아닌지 모르겠다.

식물은 태양 에너지 중개업자

식물의 잎은 광합성 반응을 통해 탄수화물을 만들어 내는 공장이라고들 한다. 잎의 엽록체에서는 공기 중에서 끌어들인 이산화탄소와 물이 반응해 탄수화물이 만들어지고 이 과정에서 만들어진 산소는 다시 밖으로 내보내진다. 그런데 이 광합성 반응이 일어나려면 반드시 있어야 하는 것이 하나 있다. 그것이 바로 태양빛이다. 식물의 잎에 햇빛이 쪼여 태양 에너지가 흡수되어야만 비로소 엽록체에서 탄수화물이 만들어진다.

그렇다면 잎에서 흡수된 태양 에너지는 어디로 간 것일까? 태양 에너지는 바로 광합성 반응으로 만들어진 탄수화물 속에 화학 에너지의 형태로 바뀌어 저장되어 있다. 공장에서 부품들을 조립해 물건을 만들듯, 작은 분자들을 공기 중에서 끌어들여 탄수화물이라는 큰 분자를 만들어 그 속에 태양 에너지를 잔뜩 저장해 놓은 것이다.

탄수화물은 약간의 변형을 거치면 식물의 조직 성분으로 바뀌어 뿌리와 줄기, 잎과 열매가 된다. 결국 식물은 그 몸 자체가 태양 에너지의 저장 탱크나 다름없다. 식물은 하늘을 향해 잎을 활짝 벌려 태양으로부터 쏟아지는 에너지를 받아들일 뿐만 아니라, 그것을 저장해 두는 창고의 역할까지도 하는 것이다.

마치 야구에서 포수가 공을 잡으면 이를 필요에 따라 다시 적재적소에 송구를 하듯, 식물은 이렇게 자신의 몸속에 저장해 놓았던 태양 에너지를 다시 여기저기 주변 생태계에 나누어 준다. 가을이 되면 낙엽을 발밑에 떨어뜨려 흙 속에 사는 온갖 미생물들에게 에너지를 나누어 주고 그 과정에서 자신도 일부를 사용한다. 동물들에게는 열매나 잎을 먹도록 해 에너지를 나누어 준다. 이렇게 나누어 준 에너지는 여러 단계의 먹이 사슬을 거쳐 모든 다른 동물들에게도 적절히 분배가 된다. 인간도 먹을거리를 통해 식물이 몸속에 저장해 두었던 태양 에너지를 분배받는다.

우리가 에너지원으로 사용하는 석탄은 죽은 식물들이 탄화된 것이며 석유는 죽은 식물의 잔해를 먹고 자라던 미생물들이 죽어 탄화된 것이므로, 이들에게서 얻는 에너지도 결국에는 태양 에너지다. 이처럼 우리가 사용하고 있는 에너지의 근원을 역으로 추적해 가다 보면 결국 식물이 광합성 반응으로 축적해 둔 태양 에너지라는 것을 발견한다. 결국 온통 지구를 덮고 있는 식물은 태양으로부터 쏟아지는 에너지를 받아 저장해 두었다가 다시 나누어 주는 '태양 에너지 중개업'을 하고 있는 것이나 다름없는 것이다.

광합성 능력이 없어서 스스로의 힘으로는 태양 에너지를 받을 수도 이용할 수도 없는 동물과 인간에게 이 '태양 에너지 중개업자'는 없어서는 안 될 매우 중요한 존재다. 만약 지구에 식물이 없다면, 제아무리 방대한 양의 태양 에너지가 있어도 쓸모가 없었을 것이다. 지구의 오랜 진화 과정에서 약 35억 년 전에 지구 표면에 최초로 등장했

식물은 잎을 통해 태양 에너지를 수집한 후 이를 다시 탄수화물 속의 화학 에너지로
바꾸어 놓는 일종의 에너지 전환 장치. 인류가 사용하는 에너지의 대부분은 원천을
따져 올라 가다보면 결국 식물이 포집해 몸속에 저장해 놓은 태양 에너지다.

던 생물이 다름 아닌 광합성 능력을 가진 식물성 플랑크톤(조류)이었
던 것도 바로 이 때문이다. 조류가 만든 탄수화물 속에 태양 에너지
를 저장하게 되면서 이를 에너지원으로 해 드디어 지구 상에는 수많
은 생물들이 등장할 수 있게 되었던 것이다.

흙의 가치

무인 화성 탐사 로봇이 전송해 온 사진 속 화성 표면은 황량하기
그지없다. 온통 화면을 채우며 흩어져 있는 돌무더기 사이로 누런 먼
지들만 눈에 들어온다. 로봇이 자동 항법 장치의 도움을 받아 여러
개의 바퀴로 기동하며 이곳저곳을 돌아다녀 보지만 어디를 가나 시
야에 들어오는 것은 황량함뿐이다.

살아 있는 행성인 지구에서 보는 풍경과 가장 크게 대비되는 것은 표면이 온통 먼지와 돌투성이라는 점이다. 지구에서와는 달리 죽은 행성인 화성에는 표면을 덮고 있는 '표토(top soil)'가 없다. 쉽게 말해 화성의 표면에는 흙이 없고 다만 먼지만 잔뜩 덮여 있다. 행성이 살아 있다는 것을 보여 주는 가장 큰 특징은 바로 암석권의 표면에 표토라는 매우 중요한 구조가 있어서 그 속에 매우 높은 농도의 에너지가 저장되어 있다는 것이다.

표토 속에 축적되어 있는 에너지는 모두 태양으로부터 온 것으로, 주로 식물의 광합성 반응을 통해 만들어진 유기물의 형태로 저장되어 있다. 가을이 되어 식물이 땅에 낙엽과 열매를 떨어뜨리는 것은 태양으로부터 포집한 에너지를 발밑에 저장해 놓았다가 이듬해 다시 사용하려고 하는 매우 놀라운 행동이다. 땅위에 떨어져 썩은 나뭇잎들은 유기물의 형태로 흙 속에 많은 에너지를 축적해 놓게 된다. 이 에너지로 식물이 자라고 이 식물을 동물이 먹고 자라며 우리는 다시 그 식물과 동물을 먹게 된다. 결국 우리는 먹을거리를 통해 이 표토 속에 유기물의 형태로 저장되어 있던 태양 에너지를 섭취한다. 흙 속에 저장된 이 유기물은 풀이나 나무들이 성장하는 데 쓰이는 것은 물론이거니와 눈에 보이지 않는 미생물에서부터 다른 온갖 식물과 동물에 이르기까지 생명을 유지하는 데 없어서는 안 될 매우 중요한 자원인 셈이다.

석탄이나 석유와 마찬가지로 유기물이 풍부한 표토도 에너지 자원으로 간주해 소중하게 다루어야 한다. 온갖 유기물이 섞이면서 많은 에너지가 축적된 표토가 형성되려면 수십 수백 년이라는 긴 세월이 걸리기 때문이다. 삼림 관리를 잘못해 여름 장마에 표토가 전부

물에 쓸려 내려가게 내버려 둔다든지, 개발 과정에서 비옥한 표토를 걷어내어 그대로 매립지에 묻어 버린다든지, 구릉지를 평지로 만들면서 표토를 전부 뒤집어 버린다든지 하는 예들은 식물이 긴 세월 동안 흙 속에 축적해 놓은 태양 에너지를 일순간에 못쓰게 만들어 버리는 매우 어리석은 일들이다. 더구나 숲을 함부로 망가뜨리면 표토의 생성을 중단시킴으로써 사막화를 재촉하고 화성과 같은 돌투성이의 속살이 겉으로 드러나게 하는 결과로 이어진다.

도시화로 인해 인공물로 덮인 면적이 날로 늘어나고 삼림이 파괴되면서 새로운 표토가 생성되지 못하며 사막화로 인해 표토가 사라진 건조 지형이 확대되면서, 지구 표면에서 표토가 덮은 면적은 빠른 속도로 줄어들고 있다. 표토가 사라져 버린 지구 표면은 아무리 휘황

표토는 그 속에 유기물의 형태로 풍부한 태양 에너지를 축적하고 있어서 석탄이나 석유와 마찬가지로 중요한 에너지 자원의 하나로 간주되어야 한다. 표토가 사라진 땅 위에는 아무것도 살 수 없고 결국에는 불모의 사막으로 변한다.

찬란해 보여도 화성에서나 봄직한 황량한 풍경과 조금도 다를 바가 없다. 이 지구 상에서 표토가 사라진 면적이 계속 늘어난다는 것은 큰 화상 흉터로 인해 우리 몸의 살아 있는 표피를 잃어버리는 것이나 다름없다. 그렇게 되면 태양빛은 여전히 뜨겁게 내리쬐겠지만 정작 그 에너지를 생물들이 사용할 수 없는 상황에 직면한다. 표토와 그 표토를 만들어 내는 숲을 소중하게 생각해야 하는 이유다.

암석의 순환

지구의 피부에 해당하는 지각을 구성하고 있는 주성분은 산소(O) 47퍼센트, 실리콘(Si) 28퍼센트, 알루미늄(Al) 8퍼센트로, 이 세 원소가 전체의 83퍼센트나 차지하고 있다. 그 외에도 철(Fe), 칼슘(Ca), 소듐(Na), 포타슘(K), 마그네슘(Mg)이 소량씩 포함되어 있지만 기본적으로는 지각의 대부분이 실리콘과 알루미늄의 산화물로 구성되어 있다고 볼 수 있다.

지구의 속살인 맨틀은 산소 45퍼센트, 실리콘 22퍼센트, 마그네슘 23퍼센트로 이 세 원소가 전체의 90퍼센트를 차지하고 있고 여기에 상당량(6퍼센트)의 철과 약간(2퍼센트)의 알루미늄이 포함되어 있다. 지각과는 달리 맨틀은 실리콘과 마그네슘의 산화물로 구성되어 있는 것이다.

피부가 시간이 지나면서 때로 벗겨져 나가고 속살에서 다시 새로운 피부가 올라와 재생되는 것처럼, 지구에서도 지각의 표면이 계속 벗겨져 나가고 속살인 맨틀에서 올라온 새로운 성분이 다시 그 위를 덮으면서 표면이 재생되는 과정이 끊임없이 일어나고 있다.

맨틀의 마그마가 지각을 뚫고 올라와 화산으로 폭발하면 분출된 마그마는 짙고 어두운 색깔을 띤 화성암이 되어 인근 지역을 덮는다. 맨틀과 마찬가지로 주로 실리콘과 마그네슘의 산화물로 구성되어 있던 화성암은 침식 작용에 의해 흙이 되고 강물에 쓸려 내려가면서 구성 성분이 조금씩 빠져나간다. 이들이 바다에 도달할 때쯤이면 마그네슘은 대부분 물에 녹아 빠져나오고 실리콘과 알루미늄만 남은 알루미노실리케이트라는 물질이 되어 강 하구에 침전으로 쌓인다.

이렇게 강 하구의 삼각주에 쌓인 밝은 색의 알루미노실리케이트 퇴적토를 점토(clay)라고 하는데, 그 속에는 다른 금속들이 빠져나간 빈 공간이 켜켜이 쌓인 모양이 되어 그대로 남아 있다. 점토의 한 종류인 고령토(kaolinite)로 빚은 도자기나 항아리는 물은 차단하지만 공기는 투과시키는 특이한 성질이 있는데, 바로 마그네슘이 빠져나가고 남은 이 작은 빈 공간들 때문에 나타나는 성질이다. 빈 공간으로 인해 표면적이 넓고 흡착력이 매우 좋기 때문에 점토의 하나인 벤토나이트(bentonite)를 고양이의 배설물 용기에 깔아서 냄새를 없애는 데 사용하기도 한다.

화성암은 이렇게 흙으로 부서져 내려오면서 지각 표면을 덮어 매우 얇은 퇴적토의 층을 형성한다. 전체 지각에서 퇴적토층이 차지하는 비율은 매우 낮지만 지구의 전체 표면을 덮고 있기 때문에 가장 흔히 접하게 될 뿐만 아니라 우리의 생활과 가장 밀접한 관련이 있다. 이 퇴적토층이 자신의 역할을 다 하고 나면 다시 그 위에 새로운 퇴적토가 쌓이며 점점 땅속으로 묻혀 들어가 퇴적암으로 바뀐다. 오랜 시간이 지나 퇴적암이 깊은 땅속의 높은 온도와 높은 압력 아래에 놓이게 되면 원래 가지고 있던 빈 공간이 없어지면서 밀도가 높아지고 구조나 특성도 바뀌어 변성암이 된다. 다시 오랜 세월이 지나면 결국 이 변성암은 맨틀을 만나 그 속으로 녹아 없어지면서 언젠가 또 다시 마그마가 되어 화산 폭발과 함께 세상으로 나가 지각의 표면을 덮을 준비를 한다.

이와 같이 수천 수억 년에 걸친 긴 세월에 걸쳐 일어나는 암석의 순환은 나무가 한해를 넘길 때마다 나이테를 더하며 묵은 조직의 위로 새로운 껍질을 더해 가듯이, 지각의 표면을 새로운 성분으로 끊임없이 덮어 주면서 암석권의 표면을 재생하는 역할을 하고 있다.

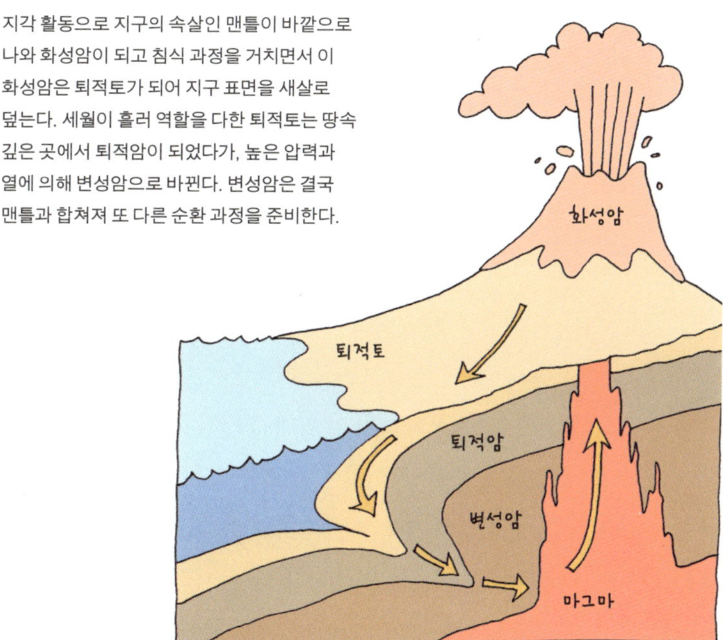

지각 활동으로 지구의 속살인 맨틀이 바깥으로 나와 화성암이 되고 침식 과정을 거치면서 이 화성암은 퇴적토가 되어 지구 표면을 새살로 덮는다. 세월이 흘러 역할을 다한 퇴적토는 땅속 깊은 곳에서 퇴적암이 되었다가, 높은 압력과 열에 의해 변성암으로 바뀐다. 변성암은 결국 맨틀과 합쳐져 또 다른 순환 과정을 준비한다.

미생물 세계

흔히 커다란 바위가 부서져 돌이 되고 다시 돌이 부스러져 흙이 되는 과정이 눈, 비, 바람과 같은 자연적인 기상 현상에 의해서만 일어나는 것으로 잘못 여기기 쉽다. 하지만 실제로는 안 보이는 곳에서 이 과정에 적극 개입하고 있는 생명체가 있는데, 바로 흙 속에 살고 있는 보이지 않는 미생물이다. 우리 눈에는 보이지 않지만 표토의 흙 속에는 엄청나게 많은 미생물이 살고 있다. 지구 전체 바이오매스(biomass)의 3분의 1이 미생물이라고 하니 개체 수가 얼마나 많은지는 우리의 상상을 초월한다.

표토의 바깥쪽에는 주로 소비성 미생물이 사는데 이들은 자신이 먹은 유기물을 분해하기 위해 산소를 필요로 하며 이를 매우 좋아한다. 흙 속에는 질소 고정 미생물도 사는데, 이들은 공기 중의 질소를 끌어들여 물에 잘 녹는 질산 이온을 만들어 주변 식물에게 영양분으로 제공한다. 강이나 바다의 표면에는 이산화탄소를 좋아하는 광합성 미생물이 주로 사는데, 광합성 반응을 통해 이산화탄소와 물로부터 유기물을 만들어 낸다. 이 소비성 미생물, 질소 고정 미생물, 광합성 미생물은 모두 공기를 매우 좋아하기 때문에 호기성 미생물이라고도 부른다.

공기가 도달하지 못하는 표토의 안쪽이나 바닷속 깊은 곳에도 유기물을 먹고 사는 소비성 미생물이 사는데 공기를 매우 싫어하기 때문에 특별히 혐기성 미생물이라 부른다. 혐기성 미생물은 다른 미생물과는 달리 유기물을 분해하는 과정에서 메탄 기체를 뱉어 놓는다.

나무가 땅에 떨군 낙엽과 열매, 말라죽은 풀, 죽은 곤충과 동물, 동물의 배설물 등이 유입되면, 흙 속에서는 이 유기물을 먹어 치우며 소비성 미생물의 개체 수가 늘어난다. 소비성 미생물은 유기물을 분해하는 과정에서 흙 속에 찌꺼기를 뱉어 놓게 되는데, 그 속의 화학 성분들이 바위와 돌을 약하게 만들고 그 안에 있던 금속 성분들을 녹여내는 중요한 역할을 한다. 예를 들어 경작지의 흙 속에 잔돌이 많은 경우 축산 분뇨를 실어와 마구 섞어 놓고 1~2년이 지나면 돌들이 쉽게 부스러져 없어지는 것을 발견한다. 마치 우리 입속의 세균들이 이빨 사이에 낀 유기물을 분해하면서 내놓은 화학 성분으로 인해 그 단단하던 이빨의 사기질이 쉽게 부스러지고 썩는 것과 마찬가지다.

이와 같이 미생물은 암석이 부서져 흙이 되는 과정에 적극적으로 개입하면서 원래는 물에 녹지 않던 흙 속 미네랄 성분들을 조금씩 밖으로 녹여낸다. 이렇게 녹아 나온 미네랄 성분들은 뿌리를 통해 식물에게 공급되고 이는 다시 먹이 사슬을 통해 모든 동물들에게 골고루 분배된다. 사실상 인간도 자신이 필요로 하는 미네랄 성분들을 흙 속에 사는 이들 미생물 덕분에 공급받게 되는 것이다.

따라서 지구 표면의 생물권이 온전하려면 이 눈에 보이지 않는 미생물 세계가 건강해야 한다. 미생물 세계가 건강한지는 그 위에서 살고 있는 식물과 동물들을 보면 금세 알 수 있다. 예를 들어 망둥이, 조개, 갯지렁이, 게와 같은 바다 동물들이 건강하게 활동하고 있는 갯벌은 굳이 속을 파보지 않더라도 그 안의 미생물 세계가 매우 건강한 상태라는 것을 알 수 있다. 하지만 바다 동물은 온데간데없고 죽은 조개껍데기만 잔뜩 널려 있다면 그 지역에 살던 미생물들이 어찌되었을지는 쉽게 짐작할 수 있다. 눈에 보이는 동식물은 눈에 보이지 않는 미생물 세계의 건강 상태를 나타내는 지표(바로미터)나 마찬가지인 것이다. 우리가 생태계의 작은 동물 하나, 보잘것없는 식물 하나라도 그것이 멸종 위기에 처하는 것에 대해 깊이 염려하는 것은 바로 이 때문이기도 하다. 미생물 세계가 건강하지 않으면 그 위에서 살아가는 식물과 동물, 나아가서 인간도 결국에는 영향을 받지 않을 수 없기 때문이다.

지구 전체 살아 있는 생명체의 무게, 즉 바이오매스의 3분의 1은 눈에 보이지 않는 미생물로 이루어져 있다. 모든 살아 있는 것들의 기반이 되는 이 미생물 세계가 건강하지 않으면, 그 위에 사는 동식물들도 결코 건강할 수가 없다. 눈에 보이는 식물과 동물은 눈에 보이지 않는 이 미생물 세계가 얼마나 건강한지를 나타내는 바로미터나 마찬가지다.

2부

지구의 보호막: 대기권

5 기체가 뭐기에

우리는 대기권의 공기를 헤치고 다니며 일상을 살아간다. 그래서 우리는 기체가 어떤 성질을 가지고 있는지 체험을 통해 잘 알고 있다. 공기의 성질을 잘 이용해 열기구를 하늘로 띄우기도 하고 도저히 불가능할 것 같은 크고 무거운 비행기를 날게도 한다. 기체의 성질은 매일 일어나고 있는 기상 현상과 지구의 기후 패턴과도 밀접한 관련이 있다. 안개가 끼고 구름이 만들어지며 비가 내리고 바람이 부는 모든 것들이 공기가 가지고 있는 성질로 인해 발생하는 것으로 지구 상에서 살아가는 모든 생명체들에게 없어서는 안 될 매우 중요한 현상들이다.

우리가 일상을 살며 경험하게 되는 기체의 성질은 크게 부피나 압력, 온도 등이 바뀌는 물리적 변화와, 공기에 포함된 물질의 조성이 바뀌는 화학적 변화로 나누어 볼 수 있다. 기체의 물리적 변화는 '이상 기체의 법칙'과 '단열 팽창'이라는 두 가지 원리가 잘 설명해 준다. 이 두 가지 원리만 잘 알아도 우리 일상에서 일어나는 공기와 관련된 자연 현상의 대부분을 명쾌하게 설명할 수 있다.

인공 호흡의 비밀

수증기가 없는 건조한 공기는 부피비로 약 5분의 1에 해당하는 21퍼센트가 산소(O_2), 약 5분의 4인 78퍼센트가 질소(N_2)로 구성되어 있고 아르곤(Ar)이 나머지 1퍼센트를 차지하고 있다. 실제 대류권에서는 여기에 수증기가 포함되는데 그 양은 각 지역과 기온에 따라 큰 편차를 보이게 된다. 통상적 실내 온도인 섭씨 25도에서는 공기 중에 최대 약 3퍼센트의 수증기가 포함될 수 있으며 온도가 높아질수록 증가해 인간의 체온인 37도에서는 약 6.5퍼센트, 적당한 사우나탕의 온도인 60도 근처에서는 약 25퍼센트까지 수증기가 포함될 수 있다.

대기압이 그대로 1기압인 채 공기 중의 수증기가 늘어나면 나머지 산소와 질소의 양은 줄어든다. 섭씨 60도를 유지한 사우나탕의 예를 들면, 산소는 약 16퍼센트, 질소는 약 59퍼센트로 양이 줄어드는 셈이다. 다시 말해 뜨거운 사우나탕 속에 들어가면 평소 밖에서 숨 쉬던 공기에 비해 산소가 부족한 상태가 된다. 산으로 치면 2400미터 고지에 올라가 있는 것과 마찬가지다. 사우나탕 온도가 섭씨 70~80도로 올라가면 이런 산소 부족 상태는 기하급수적으로 심해진다. 사우나탕에 오랫동안 앉아 있다가 밖으로 나오면 갑자기 정신이 맑아지면서 피로가 풀리고 개운해지는 것을 경험하는데, 그 느낌의 상당 부분이 '산소 부족' 상태에서 벗어난 데 따른 착각인 경우가 많다. 실제로 액체 산소를 담은 비커에 코를 박고 100퍼센트의 산소를 들이마시면 마치 사우나탕에서 나온 듯한 상쾌한 감정을 똑같이 경험할 수 있다.

특히 주의해야 할 것은 심신의 건강 상태가 좋지 않은 상태에서 그와 같은 인위적인 산소 부족 상태에 장시간 노출되면 죽음에 이를 수도 있다는 것이다. 실제로 우리나라에서도 노인이 사우나탕에서 나오지 못해 사망하는 사고가 종종 일어나곤 하는데, 육체적으로 지치기도 했겠지만 산소 부족이 큰 몫을 한다. 지난 2010년 8월 핀란드에서 열린 세계 사우나 챔피언십 대회에서 러시아와 핀란드 참가자 2명이 경기 도중 쓰러져 러시아 인이 사망하는 사고가 발생한다. 사우나의 온도가 무려 섭씨 110도였다고 하니 당시의 공기는 100퍼센트 수증기로만 채워져 있었던 것이다. 화상은 물론이고 질식사에 스스로

공기 조성은 장소에 따라 달라질 수 있다. 특히 뜨거운 사우나탕 안은 수증기가 공기를 밀어내면서 사실상 산소 부족 상태에 놓인다. 심신이 약한 노약자나 뇌심혈관계 지병이 있는 사람이 산소 부족 상태에 오래 있게 되면 자칫 생명이 위험해질 수도 있기 때문에 특히 주의해야 한다.

뛰어든 것이다.

　우리가 내뱉는 날숨도 그 성분이 달라진다. 우리 몸속에서 일어나는 에너지 대사 반응 과정에서 우리가 음식으로 먹은 탄수화물은 허파에서 흡입된 산소와 반응해 이산화탄소와 물을 생성한다. 따라서 날숨에는 산소가 없어지는 대신 이산화탄소와 수증기의 양이 늘어난다. 날숨에는 질소가 75퍼센트, 아르곤은 그대로 1퍼센트이며 산소가 16퍼센트로 줄어든 대신 이산화탄소와 수증기가 각각 4퍼센트씩으로 늘어나 있다. 흔히 우리가 잘못 알고 있는 것과는 달리 날숨도 아직 상당한 양의 산소를 그대로 가지고 있다는 것을 알 수 있다. 흔히 구강 대 구강법으로 인공 호흡을 하면 이산화탄소만 잔뜩 불어넣는 것은 아닌지 걱정할 수도 있는데 실제로는 상당량의 산소를 불어넣게 되는 것이다.

아폴로 1호의 비극

　질소와 아르곤은 여간해서 다른 물질과 반응하지 않기 때문에 비활성 기체(inert gas)라고 부른다. 공기는 적은 양의 산소를 비활성 기체로 묽게 희석시켜 놓은 것과 같다.

　산소는 산화력이 매우 강해서 대부분의 물질과 반응해 산화물을 만든다. 휘발유, 알코올, 석유와 같이 불씨를 갖다 대는 즉시 타면서 산소와 급격하게 반응하는 '가연성(flammable)' 물질이 있는가 하면, 대부분의 물질들은 상당히 높은 온도에서 한동안 예열을 해 주지 않으면 산소와의 반응이 너무 느려서 불이 붙지 않는다.

　어떤 물질의 가연성이 산소의 농도와 밀접한 관련이 있다는 사실을 대부분 잘 모르는 경우가 많다. 예를 들어 종이나 나무는 가연성이 없어서 상당히 높은 온도까지 뜨겁게 예열을 해주어야 겨우 불이 붙는다. 하지만 이들이 비가연성 물질이라는 것은 어디까지나 공기 중의 산소 농도가 21퍼센트일 때의 말이지, 만약 산소의 농도가 더 높아지면 이야기는 완전히 달라진다. 공기 중 산소의 농도가 25퍼센트 이상이 되면 대부분의 비가연성 물질들은 가연성 물질로 돌변하기 시작한다.

한때 과학자들도 이러한 사실에 대해 그리 대수롭지 않게 여겼던 것 같다. 1960년대까지만 해도 우주 여행에 사용된 로켓의 선실 내부에는 100퍼센트 농도의 산소가 공급되었다. 이는 결국 1967년 아폴로 1호의 사령선 선실에서 우주인 3명이 모두 불에 타 사망하는 끔찍한 사고로 이어졌는데, 사소한 전기 스파크로 우주복의 합성섬유와 각종 플라스틱에 순식간에 불이 붙어 화재가 일어났던 것으로 추정되고 있다. 이후 모든 우주선에는 공기와 동일한 조성을 갖는 질소로 희석된 산소가 공급되고 있다.

겨울 난방을 위해 주로 연탄을 땔감으로 사용하던 1970년대까지만 해도 많은 사람들이 일산화탄소 중독으로 응급실에 실려와 결국에는 사망하는 불운을 맞았다. 보다 못한 일부 대형 병원에서는 1980년대에 들어와 일산화탄소 중독 환자를 살리기 위해 잠수병 치료에 주로 사용되던 커다란 산소 가압 탱크를 응급실에 들어놓았다. 연탄가스에 중독되어 의식 불명 상태로 구급차에 실려 온 환자를 밀폐된 탱크 속에 넣고 100퍼센트 산소 기체를 2내지 3기압의 높은 압력으로 공급하면 혈액의 헤모글로빈에 결합되었던 일산화탄소가 떨어져 나가면서 곧 환자는 일산화탄소 중독에서 깨어난다.

그런데 이 산소 가압 탱크의 도입 초기에 탱크 속의 폭발적 화재로 환자가 사망하는 사고가 몇 차례 일어났다. 어이없게도 그 원인은 탱크 속에서 깨어난 환자가 아무 생각 없이 호주머니에 있던 담배를 꺼내 입에 물고 불을 붙여서였다. 높은 압력의 순수한 산소 속에서 가연성으로 돌변한 옷과 머리카락에 일시에 불이 붙어 버렸던 것이다. 이후 산소 가압 탱크에 환자를 넣을 때는 민망하기는 하지만 완전히 발가벗기는 절차를 거치게 되었다. 다행히 얼마 가지 않아 생활 수준의 향상으로 난방 방식이 바뀌어 일산화탄소 중독 환자가 응급실로 실려 오는 일도 거의 없어져 버렸고 산소 가압 탱크도 응급실에서 자취를 감추었다.

만약 대기 중의 공기가 비활성 기체인 질소로 묽어져 있지 않았다면 지구에서 어떤 일이 일어났을지 이제 상상이 갈 것이다. 공기 중 질소와 산소의 농도는 '질소의 순환(nitrogen cycle)'과 '산소의 순환

산소 농도가 25퍼센트 이상이 되면 원래 비인화성이었던 물질이 인화성으로 바뀌기 시작한다. 산소 농도가 50퍼센트만 넘어도 종이, 나무, 플라스틱 등 우리 주변의 대부분 물질들이 불씨만 있으면 휘발유에 불을 당긴 것처럼 순식간에 확 타오르게 된다.

(oxygen cycle)'이라는 물질 순환계에 의해 지금과 같은 일정한 값으로 유지되고 있다. 그런데 흥미롭게도 물이나 이산화탄소와 같은 다른 순환계에서와는 달리 이 질소와 산소의 물질 순환계에는 살아 있는 동식물이 중간 과정에 적극적으로 개입하고 있다. 이들의 개입으로 질소 속에 묽어진 산소의 농도가 가연성이 높아지는 25퍼센트를 넘지 않으면서도 또한 너무 모자라지도 않은, 그야말로 가장 적절한 21퍼센트로 유지되고 있다는 사실에 놀라움을 넘어 경이로움마저 느끼게 된다.

온돌의 과학

'이상 기체의 법칙(ideal gas law)'은 압력(P), 부피(V), 온도(T), 기체의 양(n) 사이에 서로 어떤 상관관계가 있는지를 '$PV=nRT$'라는 아주 간단한 식(R는 상수)으로 기술하고 있다. 매우 단순한 법칙이지만 우리 주변에서 공기와 관련해 일상적으로 경험하는 대부분의 현상들을 아주 명쾌하게 설명할 수 있는 유용한 법칙이다.

뜨거운 물에 넣으면 도로 펴지는 찌그러진 탁구공이나 여름이면 빵빵해지는 자동차 타이어를 보면 온도(T)가 높아지면 압력(P)이 올라가고 부피(V)도 늘어난다는 것을 알 수 있다. 압력이 낮은 하늘 위로 올라가면 부피가 늘어나면서 결국은 터져 버리는 풍선이나 실린더에 가두어 놓은 공기를 누르면서 바퀴의 충격을 흡수해 주는 자동차의 완충기는 압력(P)이 낮아지면 부피(V)가 커지고 반대로 부피를 줄이면 압력이 높아진다는 것을 보여 준다. 남아 있는 기체의 양을 나타내기 위해 가스 실린더에 부착하는 압력계는 기체의 양(n)이 압력(P)에 비례한다는 사실을 이용한 장치이다. 모두 $PV=nRT$라는 식을 통해 알 수 있는 상관관계들이다.

또한 변수들에 대한 간단한 재배치를 거치면 이 식으로부터 밀도와 온도가 서로 반비례 관계에 있다는 결론도 도출된다. 기체의 온도가 올라가면 밀도는 낮아지면서 가벼워짐을 의미한다.

한국인의 조상들은 청동기 시대에 이미 이상 기체의 법칙을 경험을 통해 아주 잘 이해하고 있었던 것으로 보인다. 그 증거가 바로 기원전 1000년의 것으로 추정되는 함경북도 웅기의 청동기 주거지에서 발굴된 '온돌'이라는 난방 시스템이다. 온돌 방식의 난방은 1970년대까지만 해도 우리나라 전역에서 보편적으로 사용되었던, 매우 독특한 전통 생활 양식의 하나다.

온돌은 집을 데우기 위해 방바닥을 뜨겁게 하는 구조로 만들어졌다. 한쪽에 장작불을 지피는 아궁이를 두고 반대쪽에는 굴뚝을 세웠으며 방바닥 밑을 따라 아궁이에서 굴뚝으로 이어지는 넓은 빈 공간을 만들었다. 이 빈 공간은 옆으로 뉘어 놓은 굴뚝의 일부분이나 마찬가지여서 아궁이에서 피운 연기와 열기가 방바닥 밑으로 널리 퍼졌다가 이내 병목처럼 좁아지는 굴뚝을 통해 외부로 나가도록 설계되어 있었다. 이때 아궁이는 아주 낮게 설치하고 굴뚝은 약간 높은 곳에 세워 아궁이에서 굴뚝을 향해 경사가 완만하게 올라가도록 설계를 했다. 우리의 조상들은 경험을 통해 공기가 뜨거워지면 가벼워져 위를 향해 올라가려 한다는 이상 기체의 법칙을 터득하고 이를 온돌 제작에 적용했던 것이다.

불이 꺼진 후에도 뜨거운 열을 한참 동안 저장해 놓기 위해 '구들장'이라 부르는 두껍고 평평한 특별한 재질의 커다란 돌을 사용해 방바닥을 깔았다. 구들장과 구들장 사이의 틈은 진흙으로 메웠고 그 위에는 다시 기름을 먹인 '장판지'를 여러 번에 걸쳐 풀로 붙이는 고도의 밀봉 기술을 사용해 연기가 스며나오지 않도록 했다.

저녁에 아궁이에서 밥을 지으며 장작을 태우면 열기가 구들장 밑의 넓은 공간을 서서히 옆으로 이동하면서 두꺼운 구들돌들을 뜨겁게 달구어 놓았다. 밤이 되어 불이 꺼진 후에도 구들장에서 올라오는 온기는 아침까지도 오랜 시간을 방을 따뜻하게 해주었던 것이다.

이처럼 온돌 시스템은 장작을 태우는 과정에서 나오는 열을 최대한 활용한 매우 열효율이 좋은 난방 시스템으로, 이를 처음 본 외국인들은 자신들도 미처 생각지 못했던 이 과학적 난방 방식에 놀라움을 금치 못했다. 서양의 벽난로는 마치 온돌을 직각으로 세워 놓은 것이나 마찬가지여서 장작을 태운 열이 방을 데우기는커녕 곧바로 굴뚝으로 빠져나가 버리는 극히 열효율이 낮은 난방 방식이었기 때문

온돌은 땔감으로부터 나오는 열을 최대한 효율적으로 사용하는 난방 방식이다. 온돌을 수직으로 세워 놓은 것과 같은 서양의 벽난로는 아궁이에 지핀 불의 열기가 수직으로 연결된 굴뚝을 향해 곧바로 밖으로 빠져나가도록 설계되어서 지극히 열효율이 낮은 난방 방식이다.

이다. 서양의 과학자들이 이상 기체 법칙을 발표했던 1800년대에 이미 우리의 조상들은 경험으로 터득한 기체의 성질을 일상생활에 널리 적용하고 있었던 것이다.

대구 지하철 참사의 재구성

지난 2003년 2월 18일 대구의 중앙로 지하철역에 정차해 있던 지하철 객차 안에서 일어난 방화 사건은 192명이라는 인명을 앗아가고 148명이 부상을 입었으며 양쪽 방향에서 역으로 들어온 차량 12량이 전소되는 실로 끔찍한 결과를 낳았다. 그런데 이 사건이 일어난 다음날 조간 신문에 게재된 깡그리 타버린 전동차의 앞모습을 찍은 사진에서 한 가지 이상한 점을 보게 되었다. 전동차 몸체는 3000도라는 엄청난 열로 인해 앙상한 뼈대만 남았는데, 왠지 전동차 밑부분의 바퀴 가림막은 반짝반짝 원래의 페인트 광택이 그대로 남아 있는 것이었다. 사흘 후인 2월 21일 신문에는 정밀 감식을 위해 차량 기지로 옮긴 객차의 옆모습을 찍은 사진이 실렸는데, 마찬가지로 뼈대만 앙상한 몸체 밑으로 아랫부분에는 페인트로 쓴 "위험"이라는 글자가 선명하게 그대로 남아 있는 것을 볼 수 있었다. 페인트 색깔이 그대로라면 온도가 300도 이하였다는 것을 의미한다. 전동차의 윗부분은 3000도의 뜨거운 열기로 모두 녹아내렸는데, 정작 아랫부분은 그 10분의 1인 300도에도 도달하지 않았던 것이다.

도대체 그 많은 사람들이 목숨을 잃을 정도로 처참했던 화재 현장에서 무슨 이유로 객차의 아랫부분은 그렇게 멀쩡한 채 그대로일까? 여기에 또 하나의 단서를 제공하는 사진이 2월 19일자 신문에 실

렸는데, 그것은 지상의 인도를 따라 나있는 지하철역 환풍구를 통해
하늘로 치솟고 있는 검은 연기였다.

우리는 이미 수많은 경험을 통해 공기가 뜨거워지면 가벼워져서
위로 올라간다는 것을 잘 알고 있다. 고기를 구울 때는 뜨거운 열기
가 올라오는 그릴 위에다 굽고 연기를 내보내기 위한 레인지 후드는
그 위에 설치한다. 차갑고 무거운 바람이 나오는 에어컨의 송풍구는
위쪽에 두며 따뜻하고 가벼운 바람이 나오는 히터는 아래쪽에 놓는
것이 상식이다. 가끔 식당에서 선풍기형 히터를 천정 쪽에 설치해 놓
은 것을 보면 정말 아슬아슬하기 짝이 없다. 더운 열기가 모두 천장으
로 올라가 버리니 난방에 별로 도움도 안 될 뿐더러 자칫하면 화재로
이어질 위험이 매우 높기 때문이다.

이러한 기체의 기본 성질을 생각하면 그날 대구 지하철역에서 있
었던 일을 쉽게 이해할 수 있다. 객차에서 불이 나면서 뜨거워진 열
기와 연기가 위를 향해 강한 상승 기류를 형성했고 지하 구조의 특성
상 이 뜨거운 상승 기류가 위로 빠져나갈 곳은 승강장을 오르내리는
계단 통로밖에 없었다. 평소 사람들이 오르내리던 통로는 갑자기 커
다란 굴뚝으로 돌변했다. 인근 대구역과 반월당역으로 연결되어 있
던 수평으로 뚫려 있는 철로는 신선한 공기를 공급하는 불문으로 변
해 버렸다. 그것도 활짝 열린 불문으로 말이다. 중앙역은 장작불을
지핀 아궁이나 마찬가지였던 것이다.

사진 속 객차 아랫부분의 페인트가 멀쩡한 것을 보면 인근 역에서
유입된 차가운 공기의 흐름이 얼마나 강했는지 짐작할 수 있다. 이는
상승 기류가 승강장 통로를 따라 얼마나 빠른 속도로 치솟아 올라간
것인지를 여실히 보여 주고 있다. 수백 수천 도의 열원에서 솟구치는

뜨거워져서 가벼워진 공기는 열과 연기를 안은 채 열린 통로를 따라 위쪽을 향해 믿기 어려운 빠른 속도로 치솟아 올라가게 된다. 고층 건물의 화재 시에도 모든 층을 관통하며 전선이나 수도관이 지나가는 열린 통로를 따라 순식간에 불이 번진다.

뜨거운 연기를 그 누구도 앞질러 도망쳐 나갈 수 없었던 것이다. 모든 사망자가 연기에 질식했다는 사실은 이를 뒷받침하고 있다.

지금도 현장 사진들을 보면, 그 순간 사람들이 평소에 알고 있던 공기의 성질을 떠올렸더라면 하는 아쉬움이 남는다. 굴뚝으로 변해버린 승강장 통로가 아니라 거꾸로 발길을 돌려 평상시에는 금지되어 있던 철로로 과감히 내려와 신선한 공기가 계속 유입되었을 인근 역 방향으로 대피했더라면 그렇게 많은 사상자를 내지는 않았을 것이다. 그러나 어쩌랴. 아직도 대피 훈련은 '비상구'라는 안내판이 내걸린 통로를 따라 이루어지고 있는 것을⋯⋯.

단열 팽창과 소나기

밖으로부터 풍선 속의 공기에 열을 가하면 풍선은 부풀어 오른다. 온도가 올라가면서 공기의 부피가 커진 것이다. 그렇다면 이번에는 열을 차단한 상태에서 풍선을 일부러 팽창시키면 어떻게 될까? 열을 공급하지 않았는데도 마치 열을 받은 것과 같은 결과가 빚어졌기 때문에 그 대가로 풍선 속 공기의 온도는 떨어진다. 이렇게 밖으로부터 열이 들어가는 것을 차단한 상태에서 기체를 팽창시키는 과정을 '단열 팽창'이라 하는데, 그 결과 기체의 온도는 낮아진다.

열이 들어가지 못하도록 차단하는 방법에는 여러가지가 있을 수 있다. 가장 고전적인 방법은 기체가 담긴 용기의 겉을 스티로폼 단열재로 싸서 열을 차단하는 것이다. 또 하나의 방법은 기체를 갑자기 빠른 속도로 팽창시킴으로써 속까지 열 에너지가 전달될 시간적 여유를 주지 않는 것이다. 스키장에서 컴프레서를 이용해 물을 높은 압력으로 압축했다가 작은 구멍을 통해 일순간에 안개로 뿜어 주면 단열 팽창이 일어나면서 온도가 내려가 물이 작은 얼음 입자들로 얼어 버린다. 바로 인공 눈이 만들어지는 것이다. 냉장고나 에어컨도 이 원리를 이용한다. 모터를 사용해 작은 지름의 파이프에서 강하게 압축했던 냉매를 아주 작은 구멍을 통해 지름이 큰 파이프 속으로 일순간에 뿜어 주면 단열 팽창이 일어나 온도가 떨어지면서 냉각 효과를 나타낸다.

공기 덩어리의 크기가 워낙 커서 안까지 열 에너지가 전달되는 데 오랜 시간이 걸릴 경우에도 단열 팽창의 결과가 빚어진다. 바로 대류권에서 일어나는 상승 기류가 대표적인 예다. 특히 국지적으로 뜨거운 공기와 차가운 공기가 서로 맞닥뜨리는 곳에서는 단열 팽창이 흔하게 일어난다.

무덥고 찌는 여름날 오후, 뜨겁게 달구어진 후덥지근한 공기 덩어리의 밑으로 차갑고 무거운 공기가 마치 쐐기처럼 갑자기 파고들면, 데워졌던 공기 덩어리는 밀려드는 찬 공기의 경사면을 타고 높은 상공으로 밀려 올라가면서 상승 기류를 형성한다. 압력이 낮은 상공으로 치솟아 올라간 공기 덩어리가 단열 팽창을 하게 되면 온도가 떨어지면서 상승 기류 속에서 갑자기 구름이 만들어지기 시작한다. 일단 구름이 형성되기 시작하면 상승 기류를 따라 수직으로 올라가며 높은 구름 기둥을 만들어 놓게 되는데 이를 '뭉게구름'이라 부른다. 이

한여름의 후덥지근한 공기 아래로 차갑고 무거운 공기가 쐐기처럼 파고들면, 서로 맞닿은 경사면을 따라 갑자기 솟구쳐 올라가는 상승 기류가 형성된다. 빠른 속도로 팽창하는 상승 기류 속에서는 수직으로 뭉게구름이 자라나고 천둥 번개와 함께 소나기가 쏟아진다.

뭉게구름 속에서는 빠른 속도로 올라가며 서로 마찰하는 물방울들로 인해 정전기가 분리되면서 천둥 번개가 일어나고 이내 비가 쏟아지기 시작한다. 이를 우리는 국지성 소나기라 한다.

국지적인 상승 기류는 습한 여름날 햇빛에 쉽게 달구어지는 아스팔트와 콘크리트 구조물로 잔뜩 덮인 서울과 같은 대도시의 뜨거운 상공에서 특히 쉽게 발생한다. 서울 상공에서 발생한 상승 기류가 잔뜩 쌓아 놓은 뭉게구름은 서해안에서 불어오는 편서풍을 타고 인근 지역으로 밀려가 비를 쏟아 놓는데 그곳이 바로 파주, 문산 인근 경기도 북부 지역이다. 최근 유난히 이 지역이 집중 호우로 인한 잦은 침수 피해를 겪는 이유는 아파트와 각종 시설이 급속히 늘어나 서울의 도시 면적이 비대해지면서 서울 상공에서 형성되는 상승 기류의 규모와 세력이 커진 것과 결코 무관하지 않다. 그렇다고 자연 현상을 두고 서울 시민에게 손가락질을 할 수도 없는 노릇이니 참 안타까운 일이다.

6 대기 오염 제대로 알기

경험을 통해 잘 안다는 것과 그 대상에 관심을 갖는다는 것은 별
개의 문제인 것 같다. 마치 매일 만나서 업무를 보는 이성에 대해 잘
알고 있다고 여기면서도 정작 관심이 없다 보면 머리 스타일이 달라
졌는지, 무슨 장신구를 했는지, 심지어 어디가 아픈지도 전혀 알아보
지 못하는 것처럼 말이다.

굳이 '이상 기체의 법칙'과 '단열 팽창'이라는 두 가지 원리를 이론
적으로 잘 알지 못해도 대부분 사람들이 대기권에서 일어나는 공기
의 물리적 변화에 대해서는 체험을 통해 비교적 잘 알고 있다. 하지만
정작 자신의 건강과 직접적으로 관련되어 있는 공기의 화학적 변화
에 대해서는 그리 큰 관심이 없어서, 현재 그 속에서 어떤 일들이 일
어나고 있는지를 전혀 눈치 채지 못한 채 그냥 하루하루를 살아가고
있는 것은 아닌지 모르겠다.

국지적으로 보나 전체적으로 보나 공기의 화학적 조성은 크게 바뀌고 있으며 변화의 성격이 날이 갈수록 우리에게 심각한 영향을 주고 있다. 그것이 인간에게만 영향을 주면 모르겠지만 문제는 지구의 가장 중요한 부분인 생물권의 모든 동식물들에게 돌이키기 어려운 악영향을 미치고 있다는 점이다. 대기권이 그 안에 섞여 있어서는 안 될 온갖 해로운 물질들로 오염되고 있으며 그것도 바로 인류의 활동으로 인한 데 대한 경종을 울리기 위해 오염 물질들에 대한 몇 가지 주요 사례들을 소개한다.

살인 스모그의 공포

석탄은 주로 탄소로 이루어져 있어서 고대 청동기 시대부터 매우 좋은 연료로 사용되어 왔으며 근대에 이르러서는 산업 혁명을 촉발하면서 인류 사회 발전의 원동력이 되었다. 석탄은 지구를 덮고 있던 무성한 식물의 잔해물이 쌓여 형성된 약 3억 년 전 석탄기 지층에서 만들어진 일종의 '불타는 돌'이다. 오랜 세월 땅속에서 돌로 변하는 사이에 원래 식물의 몸을 이루고 있던 탄수화물($C_6H_{12}O_6$) 성분에서 산소는 대부분 빠져나가 버리고 주로 탄소(C)만 남게 되는데, 여기에 불순물로 소량의 황(S)이 섞인다.

우리는 석탄 속에 저장되어 있는 에너지를 뽑아 쓰기 위해 석탄을 공기 중에서 태운다. 석탄을 구성하는 주성분인 탄소는 공기 중의 산소와 반응해 일산화탄소(CO)나 이산화탄소(CO_2)가 되고 불순물인 황은 산소와 반응해 이산화황(SO_2)으로 배출되며 삼산화황(SO_3)으로 변하기도 한다. 이렇게 해서 발생한 SO_2와 SO_3를 통칭 황산화물이라 하는데, SO_x라는 약칭으로 쓰며 '삭스'라고 읽는다. 이 삭스 기체는 그 자체가 매우 자극성일 뿐만 아니라 공기 중에서 물(H_2O)을 만나면 강력한 산인 황산(H_2SO_4)으로 변해 주변 생태계에 큰 상처를 입힌다.

굴뚝에서 나온 삭스 기체가 안개를 만나면 황산이 생기면서 결국에는 강한 산성 안개를 만든다. 이렇게 만들어진 산성 안개를 '런던형 스모그'라고도 부르는데, 거기에는 끔찍한 사연이 숨어 있다. 산업혁명이 한창이던 1930년대 런던을 배경으로 한 디즈니 영화「메리 포핀스」(1964년)를 보면, 빼곡히 늘어선 런던 시내의 굴뚝들에서 시커먼 연기가 피어오르는 장면이 나온다. 북위 51도라는 높은 위도에 위치하고 있음에도 불구하고 런던의 겨울은 비교적 온화해서 항상 짙은 안개가 끼는 것으로 잘 알려져 있다.

경제 발전이 한창이던 1952년 12월, 수많은 굴뚝에서 뿜어져 나온 삭스 기체가 마침 며칠 동안 런던을 감싸고 정체되어 있던 짙은 안개와 만나면서 강한 산성 안개를 만들었다. 닷새 동안 지속된 산성 안개로 이후 일주일 사이에 4000여 명이 폐에 물이 고여 질식사하는 참극이 빚어진다. (최근 한 연구에서는 사망자를 1만 2000여 명으로 수정) 이 사건으로 호흡기 장애가 된 사람들이 10만여 명이라고 하니 당시의 산성 안개가 얼마나 지독했던지를 쉽게 짐작할 수 있다.

사실 1948년 가을, 미국에서도 똑같은 일이 이미 발생했다. 당시 제철 산업이 왕성하게 발달했던 펜실베이니아 주의 계곡 깊숙이 위치한 소도시 도노라에 주위 제철소와 아연 제련소에서 뿜어져 나온 삭스 기체가 만든 산성 안개가 런던과 마찬가지로 닷새 동안 정체되는 현상이 지속되었는데, 그 기간 중에 주민 20명이 사망하고 주민의

석탄을 주요 땔감으로 사용하던 1952년 겨울, 강한 산성 스모그가 런던을 덮쳤다. 이후 1956년에 산성 스모그의 원인이 된 삭스 기체의 배출을 줄이기 위해 공기 오염 방지법이 영국 의회에서 가결되었다. 이 법령은 이산화탄소 기체의 배출을 줄이기 위해 마련된 교토 협약의 모델이 된다.

반인 7000여 명이 병원 신세를 지는 끔찍한 일이 벌어진다.

이 두 사건으로 인해 영국은 1956년에, 미국은 1970년에 공기 오염 방지법(Clean Air Act)이라는 강력한 환경법을 의회에서 통과시키기에 이른다. 이후 굴뚝으로 배출되는 황산화물의 농도를 줄일 수 있는 기술이 개발되어 적용되었고 적어도 이 법을 준수하는 지역에서는 런던형 스모그를 더 이상 볼 수 없게 되었다.

바다를 건너는 산성비

황산화물, 삭스 기체(SO_2, SO_3)가 안개를 만나면 강한 산성 안개를 만들지만 일반적으로는 그리 자주 일어나지 않는 현상이다. 왜냐하

면 안개는 땅에 깔려 낮은 곳에서 만들어지지만 대부분의 삭스 기체
는 공장의 높은 굴뚝을 타고 하늘 위로 뿜어져 나가기 때문이다. 높
은 곳으로 배출된 삭스 기체는 안개보다는 구름을 만날 기회가 훨씬
많다. 삭스 기체가 구름을 만나면 그 속에서 황산이 만들어지면서 이
번에는 강한 산성 구름을 형성한다.

삭스 기체가 구름을 오염시켜 강한 산성으로 만들어 버리는 것은
살아 있는 지구가 우리 생물계를 위해 작동하고 있는 중요한 생명 유
지 장치들 중의 하나인 물의 순환(water cycle)을 망가뜨려 놓는 것이
나 다름없다. 바다의 짠물에서부터 순수하고 깨끗한 물만 빼내 육지
의 생명체들에게 공급해 주는 식수 공급 장치나 마찬가지인 이 장치
의 핵심 요소인 구름을 오염시키면 결국 우리에게는 더러운 물이 공
급되는 것이다.

삭스 기체가 만든 산성 구름에서 내리는 비가 산성비(acid rain)인
데 심한 경우 노랑 무에 쳐서 먹는 초산에 해당되는 pH 3 정도의 산
도를 나타낸다. 하늘에서 산성비가 내리는 것은 마치 초산을 직접 뿌
리는 것이나 다름없어서 원래 염기성이던 지표의 토양을 산성으로
바꾸어 놓는다. 토양이 산성이 되면 원래는 녹지 않고 돌과 흙 속에
그대로 남아 있어야 할 각종 금속 성분들이 물에 녹아 나오기 시작
하는데, 그중에서도 가장 문제가 되는 성분이 바로 알루미늄이다. 흙
과 돌에 약 8퍼센트 포함된 알루미늄은 원래 물에 안 녹는 성분인데,
토양이 산성화되면서 pH가 1 정도 떨어지면 약 1000배 더 잘 녹아
나오게 된다.

결국 이 알루미늄 성분은 물속에 녹아 들어가 수중 생물에게 독
극물과 같은 치명적인 영향을 미치게 된다. 원래 호수물의 정상적인

산성도는 pH 6 이상인데, 호수에 알루미늄이 녹아 들어가 산성이 되면서 이 값이 5로 떨어지면 대부분의 수중 생물은 폐사하고 호수는 사실상 죽은 것이나 마찬가지 상태가 된다. 산성비는 표토 속에 사는 미생물은 물론이고 식물에게도 치명적인 영향을 미친다. 1980년대에 유럽의 북위 60도선을 따라 넓게 분포되어 있던 온대 삼림(boreal forest)이 대규모로 고사한 것도 인근 공장 밀집 지역에서 뿜어져 나온 삭스 기체로 인해 이 삼림 지대에 오랫동안 산성비가 내렸기 때문에 일어난 일이다.

다행히 1960~1970년대에 제정된 공기 오염 방지법으로 인해 산성비가 내리는 빈도는 크게 줄었지만 아직도 이 법을 제대로 준수하지 않는 국가에서는 계속 구름을 황산으로 오염시키고 있다. 대표적 예가 바로 중국이다. 예를 들어 간쑤성 란주와 같이 석탄을 많이 사용하는 공장 밀집 지역의 굴뚝에서는 엄청난 양의 삭스 기체가 뿜어져

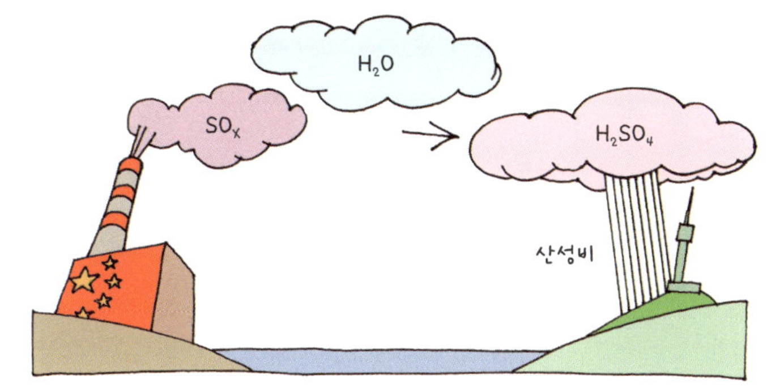

런던을 덮쳤던 산성 스모그를 줄이기 위해 가장 먼저 채택했던 다소 원시적인 대책은 단순히 굴뚝을 높이는 것이었다. 하지만 높은 굴뚝에서 나온 삭스(SOx) 기체는 이번에는 구름을 오염시키면서 산성비의 원인이 된다. 문제는 삭스로 오염된 구름이 바람을 타고 자리를 옮겨 이웃 나라에 산성비를 뿌린다는 사실이다.

나와 강한 산성 구름을 만든다.

우리나라는 중국, 한국, 일본을 거치며 활처럼 휘어져 불어 올라오는 편서풍 지역에 놓여 있기 때문에 1년 내내 중국에서 우리나라를 향한 강한 바람이 불어온다. 중국의 공업 지대에서 생성된 산성 구름이 이 편서풍을 타고 서해를 넘어와 산성비를 쏟아 놓게 되는 것이다. 우리나라 서해안에 그리 대단한 공업 지대가 있는 것도 아닌데 항상 서울 인근에 산성비가 내리는 이유는 바로 이 때문이다. 최근에는 중국의 경제가 급성장하면서 공장 가동과 함께 석탄 사용이 늘어나면서 우리나라에 내리는 산성비도 더욱 심해지고 있는 실정이다. 옆집에서 우리집 마당에 쓰레기를 버리고 있는 것이나 다름없는 상황이 벌어지고 있는 것이다.

일산화탄소 중독

우리나라 대부분 가정에서는 40여 년 전만 해도 난방을 위해 석탄을 사용했다. 석탄 가루 반죽을 틀에 넣고 찍어 만든 연탄이 바로 그것인데, 구멍이 뚫려 있어서 "구공탄"이라 부르기도 했다. 안타깝게도 당시에는 연탄을 태우는 과정에서 발생한 일산화탄소(CO)에 중독되어 죽는 사람이 매우 많아서, 연탄가스 중독이 사고사의 가장 흔한 원인의 하나로 다섯 손가락 안에 꼽히던 시기도 있었다.

당시에는 연탄뿐만 아니라 자동차 배기가스에서도 많은 양의 일산화탄소가 배출되었는데, 특히 액셀러레이터를 밟아야 하는 오르막 언덕길에서는 연료에 섞이는 산소가 크게 부족해지면서 일산화탄소가 많이 뿜어져 나왔다. 불완전 연소된 검댕도 함께 나왔기 때문에 이를 흔히 '매연'이라고 불렀고 자동차 정비가 불량할 경우에는 더욱 많은 매연이 배출되기도 했다. 그래서 당시에는 일산화탄소가 가장 심한 대기 오염 물질의 하나로 지목받아 불광동 언덕과 같이 가파르고 긴 언덕길에서는 경찰이 매연 차량을 단속하는 광경을 쉽게 볼 수 있었다.

일산화탄소는 핏속의 헤모글로빈과 강하게 결합해 산소가 앉을 자리를 다 빼앗아 버린다. 폐에서 흡입된 산소가 적혈구 속의 헤모글로빈을 타고 피에 섞여 몸 구석구석에 가야 하는데 이동 수단을 일산화탄소에게 모두 빼앗겨 버린 셈이 되어 버린다. 그러다 보니 일산화탄소에 노출되면 우리 몸은 항상 산소가 부족한 상태가 된다. 산소가 부족하면 가장 치명적인 영향을 받는 곳은 바로 뇌세포다. 평소 지속적으로 노출되면 자신도 모르는 사이에 뇌세포가 서서히 망가지게 되며 일시적으로 많은 양에 노출되면 죽음에 이른다. 나도 초등학교 4학년 겨울 어느 밤에 연탄으로 난방을 하는 방에서 자다가 일산화탄소(연탄가스)에 중독되어 수 시간 동안 의식을 잃었던 경험이 있다. 그때의 연탄가스 중독으로 뇌가 상당 부분 망가져 다행히도 천재가 되지 못하고 지금처럼 한 평범한 인간으로 행복하게 살고 있다는 농담을 가끔 하기도 한다.

요즈음에는 연탄으로 난방을 하는 가정이 많이 줄어서 연탄가스 중독으로 사망하는 사례가 거의 보기 드물 정도로 줄었다. 더구나 과학 기술의 발달로 요즈음에는 자동차 배기가스에서 배출되는 일산화탄소도 걱정하지 않아도 될 정도로 적어졌다. 자동차의 밑바닥을 올려다보면 비슷하게 생긴 여러 개의 원통형 장치가 배기관에 연결되어 있는데, 배기관 끝에 있는 원통은 소음을 줄이는 머플러이고

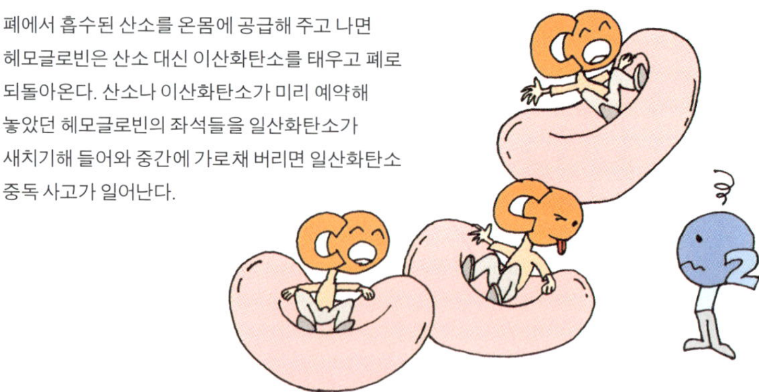

폐에서 흡수된 산소를 온몸에 공급해 주고 나면 헤모글로빈은 산소 대신 이산화탄소를 태우고 폐로 되돌아온다. 산소나 이산화탄소가 미리 예약해 놓았던 헤모글로빈의 좌석들을 일산화탄소가 새치기해 들어와 중간에 가로채 버리면 일산화탄소 중독 사고가 일어난다.

중간에 설치된 나머지 원통이 바로 '촉매 변환기'라는 장치다. 이 원통 속에는 도자기로 된 벌집과 같이 생긴 촉매제가 들어 있어서 엔진에서 발생한 일산화탄소(CO)의 대부분을 이산화탄소(CO_2)로 변환시킨다. 공기 중으로 배출되는 일산화탄소의 양을 대폭 줄인 것이다. 그러다 보니 요즈음에는 일산화탄소를 대기 오염 물질이라고 여기는 사람은 별로 없는 것 같아 참 다행이다.

하지만 차가 오래되어 낡았거나 거친 운행으로 촉매 변환기(잘 깨지는 세라믹)에 충격이 가해지면 배기가스에서는 상당량의 일산화탄소가 나온다. 엔진에 유입되는 산소의 양이 모자라져도 일산화탄소가 나오게 된다. 가끔 지하 주차장과 같은 밀폐된 공간에서 자동차 문을 닫고 시동을 걸어 놓은 채 안에서 잠시 잠들었다가 질식사하는 사례도 바로 이렇게 발생하는 일산화탄소가 원인이다. 이제 더 이상 주요 대기 오염 물질은 아니지만 아직도 일산화탄소에 의한 가스 중독에 대해 각별히 조심할 필요가 있다.

오존과 'LA형 스모그'

우리가 매일 숨 쉬는 공기는 산소를 질소에 묽혀 놓은 것이다. 공기는 약 21퍼센트의 산소(O_2)와 78퍼센트의 질소(N_2)로 이루어져 있으며 나머지 1퍼센트는 주로 아르곤(Ar)을 포함하고 있다. 공기 중의 질소는 매우 안정해서 여간해서는 산소와 반응하지 않는다. 하지만 뜨거운 열이나 전기 방전 등으로 높은 에너지가 공급되면, 이 두 기체는 화학 반응을 일으켜 일산화질소(NO) 기체를 만든다. 번개가 치면 대기 중에 일산화질소가 만들어지는 것이 그 대표적인 예다.

뜨거운 열이 공급되고 전기 방전까지 일고 있는 또 다른 장소가 있는데 그것은 바로 자동차 엔진의 실린더 속이다. 공기가 휘발유와 혼합된 후 자동차의 실린더 속에서 스파크플러그의 전기 불꽃에 의해 폭발되면 질소와 산소는 서로 반응해 일산화질소를 만든다. 자동차 배기가스와 함께 대기 중으로 배출된 일산화질소는 반응성이 매우 강해서 공기 중에 나와 산소를 만나면 즉시 이산화질소(NO_2)로 변

자동차 배기가스에서 배출된 낙스(NO_x) 기체는 대낮이 되어 햇빛이 강하게 내려 쪼이면 독성이 매우 강한 오존을 만들어 시야를 뿌옇게 흐려놓는다. 이를 스모그라 부르는데 야외 활동을 즐기는 사람들은 도시의 여름 한낮에 뿌옇게 변한 대기 중에 강한 독성의 오존이 도사리고 있음을 염두에 둘 필요가 있다.

한다. 이렇게 만들어지는 일산화질소(NO)와 이산화질소(NO_2)는 모두 질소산화물로서 통칭 'NO_X'라고 쓰며 '낙스'라고 읽는다.

밤사이 차들이 뿜어 놓은 이산화질소의 양은 이른 아침에 최고치를 보이다가 동이 터서 해가 뜨면 급격히 감소하기 시작한다. 햇빛을 받으면 또 다른 화학 반응이 일어나 이산화질소가 없어지면서 그 대신 오존(O_3)이 생성되기 때문이다. 오존의 대기 중 농도는 햇빛이 강렬하게 내리쬐는 오후 2~3시에 피크를 이루면서 '스모그(smog)'라는 희뿌연 자극성 안개를 형성한다. 자동차가 넘쳐나는 미국의 로스엔젤레스 상공에서 거의 매일이다시피 관측되었다 해서 이를 'LA형 스모그'라고도 부른다. (강력한 법적 조처와 자발적 참여로 현재 LA의 스모그는 모두 사라졌다.)

스모그 속에는 라디칼이라고 부르는 반응성이 매우 강한 수많은 종류의 부서진 유기물 조각들도 생기는데, 앞에서 언급한 오존을 포함해 우리의 건강에 매우 해로운 것들이다. 예를 들어 오존의 허용 노출 한도를 일산화탄소와 단순 환산해 비교하면 대략 300배의 독성이 있는 셈이다.

스모그의 생성 메커니즘을 보면 자동차 배기가스의 낙스 기체가 원흉이다. 그 외에도 햇빛이 반드시 있어야 하며 바람이 적어야 하고 적당한 기온, 수분, 유기물이 필요한데, 이러한 조건을 만족하는 것이 바로 자동차가 많이 운행하는 도심의 여름 한낮이다. 특히 밤낮없이 차들이 질주하는 한강 주변의 자동차 전용도로 주변에는 상당한 양의 유기물과 낙스 기체가 쌓인다. 여름날 이른 새벽 동틀 녘에 강남 쪽 한강 가에서 구리 쪽을 바라보면 맑은 하늘을 배경으로 춘천 쪽으로 겹겹이 늘어선 산들의 윤곽이 선명히 보인다. 그러나 동이 터 해가 뜨기 시작하면 이 아름다운 풍경 위로 서서히 뿌연 스모그가 끼기 시작하고 햇빛이 중천에서 내려 쬐면 산들이 늘어서 있던 춘천 쪽 풍경은 스모그에 가려 시야에서 사라지고 이내 주변이 모두 뿌옇게 바뀐다.

이런 날은 통상 오존 경보가 발령되어 사람들로 하여금 외부 활동을 자제하도록 경고가 나간다. 하지만 오존 경보가 발령된 사실을 저녁 뉴스를 보고서야 알게 되는 것이 보통이다. 더구나 오존 농도 측정 장비가 몇 군데에만 설치되어 있기 때문에, 비록 오존 경보가 발령되지 않았더라도 한강 둔치와 같이 자동차 전용도로에서 가까운 지역에서는 사실상 이미 경보가 발령된 상태라고 보는 것이 안전하다. 오존 경보에만 의존하기보다는 63빌딩이나 북한산 등의 지형지물이 선명히 보이는 정도를 척도 삼아 스모그의 유해 정도를 스스로 판단하는 것이 현명하다. 특히 뿌연 여름 대낮에 한강 공원에서 조깅을 하거나 운동을 하는 것은 오히려 건강에 해가 될 수도 있다.

서울의 새벽 안개는 안전할까?

자동차 엔진의 실린더 속으로 유입된 공기 중의 질소와 산소는 일산화질소(NO)가 되어 배출된 후 다시 공기 중의 산소를 만나 이산화질소(NO_2)가 된다. 이 질소산화물이 물(H_2O)을 만나면 매우 자극성이 큰 강력한 산인 질산(HNO_3)이 된다.

황산화물인 삭스 기체가 공장의 높은 굴뚝을 통해 높은 상공에서 뿜어져 나오는 것과는 달리, 질소산화물인 낙스 기체는 자동차의 배기가스와 함께 낮은 곳으로 배출된다. 이런 이유로 낙스 기체는 구름보다는 안개를 만날 기회가 훨씬 많아진다.

밤이 되어도 교통량이 줄지 않는 도로 주변으로는 차들이 배출한 낙스 기체가 계속 쌓이게 된다. 특히 바람이 불지 않고 온도 분포가 역전이 되는 이른 새벽이 되면 도로 주변 공기 중의 낙스 기체 농도는 최고치에 도달한다. 그런데 일반적으로 차들이 달리는 데 지장이 없도록 자동차 전용도로를 강을 따라 건설하다 보니, 강가의 도로 주변으로는 이른 새벽 시간에 안개가 자욱하게 끼는 경우가 자주 있게 마련이다. 안개가 발생하는 조건과 낙스 기체가 쌓이는 이 두 조건이 절묘하게 맞아 떨어지면서, 이른 새벽 자동차 전용도로 주변의 안개 속에는 질산이 만들어져 강한 산성 안개가 형성되는 경우가 잦다. 런던의 안개가 삭스 기체를 만나 강한 산성 안개를 만든 것과 비슷한 일이 강가의 도로에서는 아직도 일어나고 있는 것이다.

이와 같이 낙스 기체에 의해 산성 안개가 만들어지기에 적합한 조

자동차 배기가스에서 배출된 낙스(NOx) 기체가 수증기(H₂O)를 만나면 자극적이고 독성이 강한 질산(HNO₃)이 된다. 따라서 교통량이 많은 지역의 새벽 안개는 강한 산성의 질산 안개일 가능성이 크다. 서울의 자동차 전용도로의 대부분은 수증기가 풍부한 강변에 조성되어 있다. 이 주변으로 짙은 새벽 안개가 끼는 날에는 호흡기 건강에 각별히 유의해야만 한다.

건인 도로들은 주로 서울의 한강 주변을 따라 발달되어 있다. 올림픽 도로와 강변도로는 모두 이 조건을 잘 갖추고 있어서, 새벽 안개가 자욱이 끼면 일단 낙스 기체에 의해 형성되는 산성 안개를 의심해야 한다. 이 도로를 따라 밀집된 주거 지역이 강이 보인다는 이유로 최고 가격대를 형성하고 있는 것을 보면, 건강과 전망을 서로 맞바꾸는 오늘날 현대인들의 용감함을 보는 것 같아 매우 흥미롭다.

한강 둔치가 내려다보이는 올림픽도로 옆 아파트에 살았던 적이 있다. 한동안 이른 새벽에 일어나 한강 시민 공원에 나가 가벼운 운동과 함께 산책을 하곤 했는데 안개 긴 날 새벽 공원에 나가면 왠지 동심으로 돌아가면서 어릴 적 동네 골목을 돌며 하얀 연기의 소독약을 분무하던 트럭을 깔깔대며 쫓아다녔던 기억이 났다. 그땐 왜 그리 무지하고 순진했을까? 입을 크게 벌려 냄새나는 연기를 들이마시며 뭔가 좋은 일이 생길 것이라는 착각을 하기도 했으니 말이다. 이른 새벽 안개가 자욱한 한강 시민 공원에 나가면 가끔 두 팔을 쭉쭉 벌리며 연신 심호흡으로 그 안개를 들이마시는 주민들을 보게 된다. 마음 같아서는 당장 달려가 산성 안개를 설명하며 말리고 싶었지만 실없는 사람이란 소리만 들을까 보아 그냥 바라보기만 했다.

중국발 대기 오염

지구의 대류권에는 일정한 방향으로 움직이는 거대한 공기의 흐름이 컨베이어 벨트처럼 항상 돌아가고 있다. 이는 공기의 대류 현상으로 인한 것으로 공기 중의 물질과 에너지를 지구의 곳곳에 골고루 나누어 주는 "분배"의 역할을 수행한다. 예를 들어 우리가 불청객으로만 여기는 태풍은 사실상 저위도 인근 해역의 수증기와 따뜻한 열 에너지를 고위도 지방에 골고루 나누어 주는 중요한 역할을 하고 있다.

우리나라는 위도상으로 북위 40도 근처에 위치하고 있어서, 북위 30도와 60도 사이에서 돌아가고 있는 공기 흐름의 영향을 받는다. 대만 근처의 북위 30도 인근 해역을 출발한 커다란 공기 덩어리는 중국 대륙을 따라 북상하다가 지구 자전의 영향으로 활처럼 휘어지면서 동쪽으로 방향을 틀어 서해안을 가로질러 우리나라를 지나친 후 북위 60도를 향해 계속 북진한다. 이 커다란 공기의 흐름 때문에 우리나라에는 1년 내내 중국으로부터 바람이 불어오는데 이를 편서풍이라 한다.

북위 60도로 올라간 공기 덩어리는 상승 기류가 되어 높은 상공으로 치솟아 올라간 후 대류권의 상층부를 따라 이번에는 30도를 향해 다시 거꾸로 이동한다. 북위 60도 상공에서 남쪽으로 내려오던 공기 덩어리는 중국 북부의 건조 지대 상공을 지나 지구 자전의 영향으로 활처럼 휘어지면서 우리나라 상공을 넘어 일본 열도를 향해 내려간다. 북위 30도 근처에 도달하면 공기 덩어리의 대부분은 지표면으로 내려가고 나머지 일부는 제트기류에 편승해 태평양을 넘기도 한다. 지표면에서 생활하는 우리에게는 느껴지지 않지만 이러한 공기 덩어리의 이동으로 인해 높은 상공에서도 지표면에서와 마찬가지로 항상 바람이 불고 있다.

우리나라에서 보면, 결국 이 두 가지 바람 모두가 중국으로부터 부는 셈이다. 땅에서는 중국의 남쪽에서 불어 올라오는 편서풍이, 높은 하늘에서는 중국의 북쪽에서 불어 내려오는 빠른 기류가 우리나라를 지나간다. 문제는 이러한 공기 덩어리의 흐름이 수증기와 열만 분배하는 게 아니라 공기 중에 뿜어 놓은 온갖 유해한 물질까지 함께 가져온다는 것이다. 편서풍은 중국 대륙을 한번 훑고 올라오며 공장 밀집 지역에서 발생한 산성 구름과 공기 중의 온갖 유해 성분들을 잔뜩 싣고 서해안을 넘어온다. 상공에서 부는 바람은 황하 유역과 몽골 건조 지대에서 상승 기류를 타고 솟구쳐 올라간 모래 먼지를 옮겨와 우리나라 상공에 황사를 잔뜩 뿌려 놓고 지나간다. 이 모래 먼지가 제트기류에 편승하면 일본은 물론이거니와 심지어 미국 연안의 로스앤젤레스에까지도 도달해 미국 환경청에서 중국 정부에 항의하는 일까지도 벌어진다.

중국의 건조 지대에서 날아와 하늘을 온통 누르스름하고 뿌옇게 물들여 버리는 흙먼지는 어느덧 우리나라 봄의 배경으로 굳어진 지 오래다. 서해안 쪽에서 몰려와 우리나라에 비를 뿌리는 구름의 산도는 중국 쪽으로 갈수록 점점 강해지는 것으로 이미 확인된 바 있다. 뿐만 아니라 특별히 오염원이 없는데도 불구하고 서울 상공에서 측정한 공기 중 수은 농도는 우려할 수준으로 높게 관측되곤 한다.

만약 연중 우리나라를 향해 불어오는 바람만 아니었어도 이 모든 것들은 중국의 국내 문제에 지나지 않았을 것이다. 하지만 이제 이것은 엄연히 국제 문제로 다루어져야 할 중요한 사안이다. 담배를 연신 뻑뻑 피워 대는 이웃과 엘리베이터에 꼼짝없이 갇혀 있는 것이나 마찬가지이기 때문이다. 함께 탄 사람의 건강을 위해 담뱃불을 끄든지, 아니면 적어도 양해를 구하는 최소한의 예의는 지키는 것이 좋지 않을까.

교통체증으로 짜증이 나는 판에 내 차에 스며드는 탁한 담배 연기가 옆 차에서 날아든 것이라면 기분이 어떻겠는가? 산성비와 대기 중 중금속의 대부분이 옆 나라 중국으로부터 날아온 것이라면? 국가 간에도 이런 일이 흔히 일어나는데 문제는 1년 내내 중국으로부터 편서풍이 분다는 것이다.

젖은 낙엽에 다이옥신이 숨어 있다?

그 이름이 말해 주듯, '다이옥신(dioxine)'은 2개의 산소를 포함한 쌍둥이 구조를 가진 분자로서 산소 2개가 2개의 벤젠 고리 사이에 다리를 놓아 대칭 구조를 이룬 매우 간단한 분자다. 벤젠 고리 주변에는 염소(Cl)가 붙게 되는데, 많이 붙어 있을수록 독성이 강하다. 간단한 구조에도 불구하고 휘발성이 매우 낮고 극히 안정해서, 섭씨 700도의 고온에서도, 미생물에 의해서도 분해되지 않는다. 다이옥신은 일단 만들어지기만 하면 여간해서 없애기 힘든, 인간이 만들어 낸 화합물 중 이제까지 알려진 가장 지독한 물질이다. 미국 환경 보호국(EPA)의 2000년 통계를 보면 다이옥신이 축적된 음식 섭취에 의한 발암률은 100명당 1명꼴인 1퍼센트로 매우 강력한 발암 물질이다.

베트남 전쟁에서 밀림 위에 비행기로 대량으로 뿌렸던 고엽제 에 이전트 오렌지(Agent Orange) 속에 제조 과정에서 발생한 불순물로 다이옥신이 남아 있었는데, 이후 참전했던 군인들이 원인 모를 온갖 병으로 죽거나 고통 받으면서 이 물질이 처음으로 세상에 알려지기 시작했다. 다이옥신은 지방에는 매우 잘 녹지만 물에는 전혀 녹지 않기 때문에, 동식물의 체내 지방질 속에 선택적으로 축적된다. 먹이 사슬을 통해 돌아다니던 다이옥신은 결국 먹을거리를 통해 몸에 들어와 지속적으로 축적된다.

무심코 태우는 쓰레기는 다이옥신의 주된 생성원이다. 섭씨 800도 이하의 낮은 온도에서 유기물을 태우면 십중팔구 다이옥신이 생성된다. 이 때문에 소각로에 들어갈 쓰레기에는 젖은 음식 쓰레기가 함께 섞이면 안 된다. 최근 미국에서는 가을 낙엽을 모아 태우는 것도 이런 이유 때문에 불법으로 금지된 바 있다. 쓰레기나 낙엽을 태우는 과정에서 다량의 다이옥신이 생성되어 대기 중으로 방출되며 타고

우리나라 농촌에서는 재활용 분리 수거를 사실상 하지 않고 있다. 저녁이 되면 신문지와 페트병 등 온갖 쓰레기를 쌓아놓고 태우는 것이 다반사다. 이렇게 무심코 태운 쓰레기 더미에서 발생한 일급 발암 물질 다이옥신이 주변 논밭의 토양과 그곳에서 경작되고 있는 먹을거리에 축적된다는 사실을 많은 사람들이 그리 대수롭지 않게 여기고 있다. 하지만 이렇게 토양과 먹을거리에 흡수된 다이옥신은 자연을 돌고 돌다가 종국에는 우리의 몸속에 계속 쌓이게 된다.

남은 찌꺼기와 토양 속에도 다이옥신이 농축되기 때문이다.

　재활용품 수거를 하지 않기 때문에, 플라스틱이건 종이건 가리지 않고 태우는 우리나라 시골에서의 쓰레기 처리 관례에 경종을 울리는 사실이다. 명심해야 할 것은, 일단 생성된 다이옥신은 여간해서 없어지지 않으며 생태계를 돌고 돌다가 결국에는 우리에게 온다는 사실이다. 시장에 내다 팔 농작물을 경작하는 밭 한가운데에서 매일 저녁 메케한 연기를 피우며 쓰레기를 태우는 농민들은 이 사실을 전혀 모르고 있거나 아니면 무관심한 것처럼 보인다.

　서울시의 쓰레기 처리 방식의 변화 추이도 눈여겨볼 필요가 있다. 서울시는 '고체폐기물 관리 목표'에 따라 2001년부터 쓰레기 처리를 매립 방식에서 소각 방식으로 대폭 전환했다. 소각에서 나오는 열 에너지를 활용한다는 장점을 내세우지만 사실 이는 김포 매립지를 대체할 새로운 매립지를 찾지 못한 데 따른 고육지책으로 나왔다는 것에 주목해야 한다. 과연 그런 정책 속에서 쓰레기 소각에 따른 다이옥신의 처리 문제를 어떻게 접근하고 있는지에 시민들의 깊은 관심이 요구된다. 특히 소각로 온도를 고온으로 유지하는 데 대한 관리가 투명하게 이루어지고 있는지가 관건이다. 만약 이 규정을 가볍게 여겨 낮은 온도에서의 소각을 강행하면 아파트가 빽빽이 들어선 한가운데 우뚝 선 굴뚝에서 다이옥신을 잔뜩 쏟아 놓을 테니 말이다.

법정스님과 미세 먼지

　흙바닥 운동장에서 공을 차며 뒹굴다가 온 몸이 먼지 범벅이 된 채 어둑어둑해서야 집에 돌아왔던 어릴 적 기억이 난다. 그때는 곳곳에 공사장, 공터, 비포장도로들이 널려 있어 바람만 조금 불면 먼지가 날리는 것이 일상적이었다. 포장도로 위에 흙먼지가 수북이 쌓여 있던 시절이어서, 밖에 나갔다 오면 온몸에서 먼지 냄새가 나는 것은 당연한 일이었다. 빼곡히 심겨진 조경수들로 겉으로 드러난 흙을 찾아보기 힘들고 커다란 물청소차가 수시로 포장도로 위의 먼지를 쓸어가는 요즈음은 상상하기 힘든 광경이리라.

흙먼지의 기본 성분은 실리콘과 알루미늄의 복합 산화물이다. 사는 모습이 바뀌면 사회의 변화상이 먼지 속에도 그대로 반영된다. 예를 들어 먼지 속에는 상당량의 철 산화물, 즉 '녹'이 섞여 있기도 하는데, 이는 건물, 교량, 자동차 등 각종 구조물의 재료로 주로 쇠가 사용되고 있기 때문이다. 이처럼 먼지 속에는 현대인이 사용하는 온갖 물질들이 섞여 들어가게 된다. 문제는 이러한 물질들 중에는 우리의 건강을 심각하게 위협하는 유해 물질도 다수 포함되어 있다는 점이다. 그중에서도 우리나라에서 특히 주목해야 할 성분은 검댕이라고 부르는 탄소 덩어리와 돌가루의 일종인 석면이다.

검댕은 주로 연료가 불완전 연소될 때 자동차 배기가스에서 배출된다. 집안의 거울이나 장식장 유리를 티슈로 문질러 보면 검은 먼지가 묻어나고 흰색 플라스틱 제품의 표면에도 시간이 지나면 까만 얼룩이 생기는데, 이것이 모두 자동차 배기가스에서 발생한 검댕이다. 검댕은 표면적이 매우 넓고 흡착력이 강해서 다른 물질을 잘 붙잡아 들이고 자기 자신도 어디에 들러붙기를 굉장히 좋아한다. 그렇다 보니 공기 중의 유해한 성분들을 잔뜩 붙인 후에 폐 속에 들어오면 폐포의 표면에 찰싹 달라붙어 떨어질 줄을 모른다. 그러고선 붙어 들어온 유해 성분들을 몸속에 서서히 풀어 놓으면서 폐에 지속적으로 상

처를 입힌다. 이와 같은 상태가 지속되면 결국 폐암으로 발전할 가능
성이 매우 높아진다.

먼지는 다양한 크기와 성분의 입자들로 구성되어 있는데, 이 중에
서도 지름 10마이크론 이하의 매우 작은 먼지들을 미세 먼지라고 부
른다. 이 먼지가 특히 문제가 되는 것은 우리의 코와 기도에서 걸러지
지 못하고 폐 속 깊은 곳까지 그대로 들어오기 때문이다. 그래서 성
분에 상관없이 크기가 작은 미세 먼지는 발암 물질로 분류하며 그 발
생을 법적으로 강력히 규제하도록 되어 있다.

미세 먼지는 일상적인 환경에서 무엇인가 태우는 과정에서 아주
쉽게 발생한다. 예를 들어 모닥불이나 장작불을 피울 때 나오는 연기
는 수많은 미세 먼지의 집합체다. 담배 연기도 마찬가지로 미세 먼지
로 가득하다. 이렇게 발생하는 미세 먼지는 탄소 알갱이 속에 각종
유해 물질을 범벅해 놓은 것이다. 예를 들어 담배 연기는 탄소 알갱이
속에 니코틴은 물론이고 한 개비당 평균 1마이크로그램이나 되는 납
과 상당량의 발암 물질들을 버무려 놓은 것이고 마당에서 쓰레기를
태울 때 나오는 메케한 연기 속 탄소 알갱이도 많은 유해 성분들을
포함하고 있다.

『무소유』의 저자이기도 한 법정스님의 사망 원인이 폐암이라는 사
실에 나는 고개가 갸우뚱해지지 않을 수 없었다. 일생의 대부분을 공
기 좋은 산 속 작은 암자에서 보내면서, 직접 가꾼 신선한 야채를 중
심으로 소식을 하며 명상과 글쓰기로 스트레스가 없는 생활을 계속
해 온 분이 왜 폐암에 걸렸을까? 나는 우연히 한 텔레비전 프로그램
에서 스님이 대부분의 시간을 보냈다는 암자의 부엌을 보았다. 작고
좁은 공간에 무쇠 솥을 올린 작은 부뚜막 아래로 나지막이 입을 열

미세 먼지는 눈에 보이지 않는 먼지를 일컫는다. 다시 말해 먼지가 눈에 보이면 일단 그것은 미세 먼지가 아니다. 따라서 약국에서 파는 일반적인 마스크로는 미세 먼지를 막지 못한다. 사실 그런 마스크는 쓰나 안 쓰나 별 차이가 없다. 하지만 그래도 마음의 평화는 얻게 되니 쓰는 편이 나을지도……. 가장 확실한 방법은 미세 먼지의 발생을 아예 처음부터 차단하는 것이다. 담배를 끊는 것도 그중 하나다.

고 있는 아궁이가 눈에 들어왔다. 무소유를 우선시했던 그분이 겨울 날 밥을 짓기 위해 차가운 아궁이 속 장작에 불을 지피는 모습과 함께 아직 열기가 없는 아궁이 밖으로 연기가 피어 나와 좁은 부엌을 뿌옇게 채운 모습이 화면에 이어졌다. 어쩌면 스님은 마른 솔잎이 타는 연기 냄새를 즐겼는지도 모른다. 하지만 하루 세 번 수년간 지속적으로 연기 속 미세 먼지를 마셨다고 생각을 하니 왠지 내 가슴은 먹먹해지기만 한다.

폐에 꽂힌 바늘, 석면

석면은 특별한 한 종류의 돌을 일컫는 이름이다. 이 돌은 미세한 섬유 형태의 결정 구조를 가지고 있어서 한때는 불에 타지 않는 천을 직조하는 데 쓰이기도 했고 시멘트나 석고와 섞어 건축 자재의 기계적 강도를 높이는 데도 널리 쓰였다. 예를 들어 과거의 스턴트용 자동차 운전자들은 사고 때 화재로부터 자신을 보호하기 위해 석면으로 직조한 방화복을 입었고 한때는 소방관들도 석면으로 제조한 장갑과 겉옷을 입고 불속으로 뛰어들곤 했다.

특히나 석면 가루가 광범위하게 사용된 곳은 건축 분야다. 시멘트에 석면 가루를 섞어 만든 얇지만 단단한 슬레이트라는 판재가 벽체나 지붕 덮개로 대량 사용되었고 지붕 단열을 위해 석면으로 뽑은 솜이 천장 속 곳곳에 들어갔다. 아직도 많은 곳에 석면을 함유한 건축 자재가 그대로 남아 있는데, 가장 흔하게 접하는 것이 사무실이나 공공장소의 천장을 깔끔하게 마무리하는 데 사용된 '텍스'라는 네모난 하얀 석고판이다. 환기구를 통해 실내의 공기를 강제 순환하는 과정에서 천장의 텍스에서는 미세한 먼지들이 떨어져 나와 실내를 떠돌아다닌다. 더구나 발생하는 석면 먼지를 제거해야 하는 규정을 지키지 않고 진행되는 잦은 인테리어 공사로 인해 지하철 역사와 같은 밀폐된 공간에서의 석면 미세 먼지의 농도는 실로 놀라울 정도의 수준을 넘나들기 일쑤다.

문제는 섬유 형태의 결정 구조가 마치 작은 바늘과 같아서 폐포에 들어와 꽂히면 평생을 빠지지 않고 자극을 가한다는 것이다. 눈에 보이지 않는 수많은 바늘들이 폐 속에 꽂힌 채 숨을 쉴 때마다 계속 찔러댄다고 상상해 보라. 뒤늦게 이 석면 가루가 폐암을 유발한다는 사실이 증명되면서 일급 발암 물질로 분류되어 1980년대 유럽 각국과 미국, 일본에서는 석면의 생산과 사용을 전면 금지하는 법안이 전격적으로 통과되었고 국제 시장에서의 석면 가격은 바닥을 쳤다. 겉으로 보이는 성장을 위해 물불을 가리지 않던 우리나라는 같은 시기에 석면 수입량을 오히려 2배로 늘이게 되고 대부분의 건축자재에 광범위하게 들어간다 해도 과언이 아닐 정도로 그 사용을 오히려 늘리게 된다. 이후 선진국들에서는 엄청난 예산과 기술을 투입해 석면 제거 프로젝트를 진행시켜 지금까지 계속 지속해 오고 있지만 같은 시기에 우리나라에서는 거의 모든 건축물에 우선적으로 석면을 사용하는 어이없는 일이 벌어진다.

건축물에 광범위하게 사용된 석면의 위험이 처음으로 대중의 이목을 끈 것은 마스크조차도 하지 않은 채 수많은 자원 봉사자들이 석면으로 범벅이 된 먼지 속을 헤집고 다녔던 1994년 삼풍 백화점 붕괴 사고다. 하지만 곧 사람들의 뇌리에서 석면의 위험은 잊혔고 그 이면에서 허술한 관리 감독 아래 재개발과 재건축으로 과거의 노후화된 건물들에 대한 대규모 철거가 학교, 병원, 주거지를 아랑곳하지 않은 채 석면 먼지를 마구 날리며 속전속결로 진행되었다.

철거 과정에서 발생하는 석면의 미세 먼지는 결코 가림막으로 가려지지 않는다. 심지어 미세 먼지는 크기가 작아서 흔히 사용하는 마스크로도 전혀 걸러지지 않는다. 게다가 발암의 알려진 잠복기가 최소 10년에서 40년까지로 매우 길다 보니 지금 당장은 괜찮은 것 같은 착각에 빠진다. 서울에 살면서 석면 미세 먼지에 노출되지 않은 사람은 거의 없다고 해도 과언이 아닐 것이다. 그만큼 무방비 상태에서 모든 것이 진행되어 왔기 때문이다. 더구나 대규모 철거가 진행된 지역의 인근 주민들에게는 이미 상당한 피해가 간 것이나 다름없다. 우리나라 성인의 사망 원인 변화 추이를 보면 지난 1990년대 중반부터 암이 1위의 자리를 계속 지켜왔고 가장 흔한 암의 종류도 위암에서 대

우리나라에서 1970~1980년대에 지어진 건축물에는 어김없이 석면이 다량 포함된 건축 자재가 쓰였다. 따라서 재개발과 재건축의 철거 현장은 석면 미세 먼지의 온상이 될 수밖에 없다. 잦은 증개축 현장에서도 석면 미세 먼지가 다량 발생하지만 이를 심각하게 여기는 사람은 많지 않은 것이 현실이다. 석면 미세 먼지로 인한 폐질환이 긴 잠복기를 지나 수십 년 후에나 나타나는 것이 이러한 무관심의 가장 큰 원인이기도 하다.

장암을 거쳐 폐암으로 바뀌어 왔다. 이러한 통계가 과거 우리나라의 잘못된 정책의 결과를 여실히 보여 주고 있는 것은 아닌지 한번 총체적으로 점검해 보고 지금이라도 정부 차원의 실질적인 대책을 세워야 할 것이다.

오존층을 망가뜨린 꿈의 액체

우주에서 지구로 날아들던 우주 방사선과 작은 유성들은 대기권의 바깥쪽에 해당하는 열권과 중간권에 가로막혀 모두 없어져 버리지만 태양에서 오는 광선 중에 생명체에 유해한 자외선은 이곳을 그대로 뚫고 성층권까지 내려오게 된다.

만약 자외선이 성층권마저 그대로 통과해 생명체들이 살고 있는 대류권에 도달했더라면 아마도 지구의 모습은 지금과는 사뭇 달랐을 것이다. 병원에서 각종 의료 도구에 서식하는 세균을 죽이기 위해 자외선을 쬐어 주는 것을 보면 충분히 상상이 갈 것이다. 하지만 고도 30킬로미터 근처의 성층권에는 지구 전체를 감싸고 있는 '오존층'이 있어서 그곳까지 뚫고 들어온 자외선의 대부분을 흡수해 버린다. 지구의 마지막 방어선인 오존층 덕분에 자외선을 맞은 세균에게 일어났던 끔찍한 일이 다행히 우리에게는 일어나지 않는 것이다.

오존(O_3)은 산소(O) 3개가 결합해 만든 분자인데, 자외선을 흡수하면 산소 분자(O_2)와 산소 라디칼($O \cdot$)로 쪼개진다. 이때 생성된 산소 라디칼은 매우 불안정해서 주위의 다른 산소 분자를 만나면 즉시 달라붙어 오존으로 되돌아간다. 그러고 나서 다시 자외선을 흡수하면서 또 쪼개지는 연쇄 반응이 반복된다. 이 과정에서 결국 오존은

지구를 둘러싸고 있는 마지막 보호막인 오존층이 뚫린다는 것은 나무로 치면 마치 나무 껍질을 온통 벗겨 놓아 속살을 다 드러내 놓는 것과 같다. 오존층의 구멍을 통해 우주로부터 온갖 유해 광선이 들어오고 동시에 대류권의 공기와 물이 우주로 달아나 없어진다.

자외선 대부분을 모두 흡수하는 것이다.

이와 같은 일련의 연쇄 반응 과정의 중간 단계에 불청객이 끼어들면 오존 생성이 중단되면서 오존층의 두께가 얇아지고 심하면 구멍이 뚫린다. 지구 보호막의 마지노선이 무너지는 것이다. 1970년대 초, 셔우드 롤런드(1995년 노벨 화학상을 수상한다.)를 비롯한 화학자들이 그와 같은 불청객으로 성층권을 통과하는 항공기의 배출가스에서 나오는 낙스(NO$_x$)와 대기 중에 방출된 후 성층권에 도달하는 CFC라는 물질을 지목했고 이어 1985년에 발표된 영국 남극 탐험대의 연구 결과에 의해 사실로 확인되었다. 실제로 오존층이 빠른 속도로 얇아지고 있었던 것이다. 곧 오존층에 구멍이 뚫리리라는 경고와 함께 이 소식은 전 세계에 경종을 울렸고 이에 대한 인류 사회의 반응은 실로 놀라울 정도로 즉각적이고 신속했다.

상품명 프레온으로 불렸던 CFC는 1930년 미국 화학 회사인 듀퐁사의 과학자들이 처음으로 합성한, 독성이 전혀 없고 반응성이 지극히 낮은 '꿈의 액체'였다. 여간해서 변성이 되지 않는 특성 때문에 냉장고와 에어컨의 냉매로 최적의 물질이었고 쉽게 기체로 날아가기 때문에 스프레이의 추진제와 발포성 플라스틱의 거품제 등으로 쓰였다. 특히 기름때과 같은 유기물을 잘 녹이는 성질 때문에 산업용 용매로 대량 사용되었다. 물과는 달리 민감한 전자 부품에 영향을 줄 염려가 전혀 없기 때문에 운항을 마치고 돌아온 제트 전투기의 기름때를 씻어내는 데에는 고압 호스로 프레온을 직접 뿌리는 것보다 더 좋은 방법이 없었다. 그러다 보니, 1985년까지만 해도 매년 85만 톤이라는 어마어마한 양의 프레온이 그대로 대기 중으로 방출되었다.

문제는 이 프레온이라는 물질이 너무나 안정해서 100년 동안을 분해되지 않은 채 그대로 대기 중에 남아 있게 된다는 것이다. 그러다 보니, 결국 프레온 기체는 성층권에 도달해 오존층을 만드는 데 필요한 산소 라디칼을 중간에 가로채기에 이르렀던 것이다.

오존층이 더 이상 망가지는 것을 막기 위해 세계 주요 국가들은 1987년 몬트리올 의정서(Montreal Protocol)에 서명했고 2년 후인 1989년부터 정식 조약으로 발효되어 강제성을 띠게 되었다. 이 조약은 실로 전격적인 실천 계획을 담고 있어서, 1996년부터 프레온을 사용하는 공업 제품의 생산을 전면 중단하고 1998년까지 프레온의 생산을 1986년 수준의 반으로 감축하며 이어 2000년부터는 그 생산을 아예 전면 중지한다는 약속을 주요 내용으로 하고 있었다.

몬트리올 의정서가 발효된 지 3년이 지난 1992년, 마침내 남극 상공에서 오존층에 실제로 구멍이 뚫린 것이 관찰되었고 전 세계는 충격에 빠졌다. 몬트리올 의정서에 서명한 국가들은 물론이고 서명하지 않은 국가들까지도 비교적 성실하게 조약을 준수하기 시작했다. 과학자들의 노력으로 프레온을 대신할 대체 물질도 속속 개발되었고 마침내 프레온이라는 물질은 인류의 역사 속으로 서서히 사라지게 되었다. 하지만 아직도 대기 중에는 그동안 방출해 놓았던 엄청난 양의 프레온이 그대로 남아 있어서 이들이 모두 없어지려면 적어도 100년을 기다려야만 한다. UN 발표에 따르면 2050년경이 되어야 오존층의 구멍이 완전히 메워질 것이라고 하니, 그때까지는 자외선을 가리기 위한 로션과 선글라스는 패션용품이라기보다는 건강 필수용품으로 보아야 할 것 같다.

7 지구 온난화라는 시한 폭탄

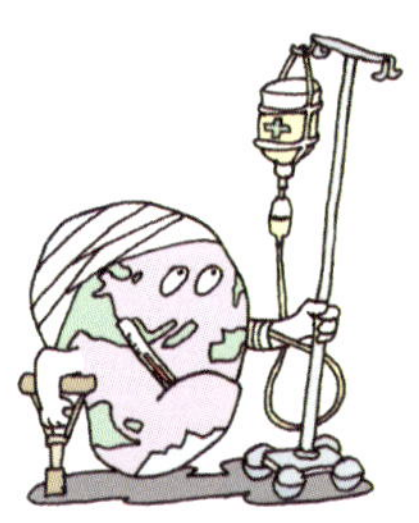

인류를 포함한 지구 상의 모든 동식물들의 현재 모습은 지난 긴 세월을 통해 끊임없이 변화해 온 환경에 대한 도전과 응전의 결과물이다. 그 과정에서 응전에 실패한 종은 멸종의 길로 들어섰고 살아남은 종은 지금과 같은 모습으로 진화해 왔다.

지구의 환경이 변하지 않은 채 그대로 간다는 것은 기대할 수도, 있을 수도 없는 일이다. 지구는 끊임없이 변화해 왔고 앞으로도 계속 그리될 것이기 때문이다. 문제는 변화의 속도다. 지구가 지난 46억 년 동안 진화해 오는 과정에서 크게 다섯 번의 대멸종 사건이 있었는데, 모두 짧은 기간에 걸쳐 일어난 극심한 기후 변화로 수많은 종의 멸종이 시작되었다는 공통점이 있다. 변화의 속도가 너무 빨라서 대부분의 종이 응전에 실패해 사라졌던 것이다.

많은 과학자들이 그와 같은 빠른 속도의 환경 변화가 바로 지금 다시 한 번 지구에 닥쳐오고 있다고 여기고 있는데, 대기 중의 이산화탄소 농도의 급격한 증가로 야기된 기상 이변이 이를 여실히 보여 주는 증거라고 여기고 있다.

땅 속의 이산화탄소

지구 생성 초기인 46억 년 전, 아직도 뜨거웠던 지구는 활발한 지각 활동으로 대기 중에 엄청난 양의 이산화탄소와 암모니아를 뿜어 놓는다. 지구가 서서히 식으면서 마침내 지각은 딱딱하게 안정해졌고 대기의 성분은 90퍼센트 이상의 이산화탄소와 나머지 질소로 이루어진 지금의 금성 대기와 비슷한 조성을 갖게 된다. 이후 수억 수십억 년이라는 긴 시간 동안 이 대기 중의 이산화탄소는 여러 메커니즘을 통해 대기 중에서 감쪽같이 사라진다.

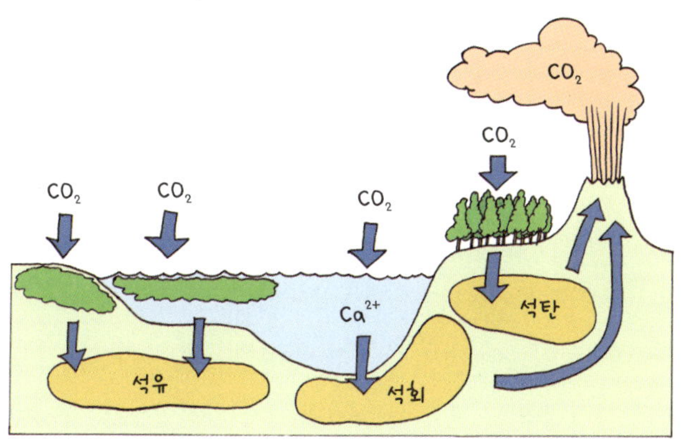

과거 지구의 대기를 메우고 있던 이산화탄소는 광합성을 하는 생물의 몸속에 일부가 고정되고 나머지 대부분은 모두 석회암, 석탄, 석유가 되어 땅속에 고정되어 있다. 이렇게 땅속에 고정되어 있던 이산화탄소는 화산 폭발과 같은 자연 현상을 통해 일부가 다시 대기 중으로 배출된다. 대기로 배출된 이산화탄소는 다시 고정될 때까지 평균 100년을 공기 중에 머물게 된다.

기체 상태의 이산화탄소를 액체나 고체 상태로 바꾸어 어딘가에 저장해 놓음으로서 공기 중에서 이산화탄소를 없애는 과정을 '탄소 고정'이라고 하는데, 과거 지구에서의 탄소 고정은 크게 세 가지 경로를 통해 일어났다.

그중 하나는 바닷물속에 녹아 들어간 이산화탄소가 물에 녹지 않는 하얀색의 탄산칼슘($CaCO_3$) 침전을 형성하면서 바다 밑으로 가라앉는 것이다. 이렇게 계속 쌓인 탄산칼슘은 마침내 두꺼운 석회암층을 형성하는데, 지각 활동으로 이 지층이 육지로 올라온 것이 바로 우리나라 단양과 영월 인근에 발달된 석회암 지형, 곧 카르스트 지형이다. 칼슘뿐만 아니라 마그네슘(Mg)과 철(Fe)도 이산화탄소와 반응하면 탄산마그네슘($MgCO_3$)과 탄산철($FeCO_3$)과 같은 탄산화물을 만들면서 이산화탄소를 고정해 지각 속에 묻어 놓는다.

첫 번째와는 달리 나머지 두 탄소 고정 과정에는 살아 있는 생명체가 관여하게 되며 단순히 이산화탄소를 제거만 하는 것이 아니고 이를 산소로 대체한다. 약 35억 년 전 지구에 처음으로 등장한 초기 생명체인 광합성 미생물은 대기 중의 이산화탄소를 끌어 들여 탄수화물의 형태로 자신의 몸속에 고정시키고 대신 산소를 대기 중으로 내놓게 된다. 햇볕이 드는 곳을 좋아하는 광합성 미생물은 특히 얕은 물에 집중적으로 모여 사는데 이들을 먹고 사는 소비성 미생물도 덩달아 증식한다. 이들이 죽어 쌓이면서 석회암이나 마찬가지로 두꺼운 층을 형성하게 되고 그 위를 바닷물이 말라붙은 소금층이나 토양층이 덮으면서 땅속에 묻히면 오랜 세월이 지나 석유층을 만든다.

약 4억 년 전부터는 육지 위에도 생명체들이 번성하기 시작했는데 특히 광합성 능력을 가진 온갖 식물들이 육지를 무성하게 덮는다. 이들 식물들도 광합성 미생물과 마찬가지로 대기 중의 이산화탄소를 몸속에 고정하고 그 대신 산소를 내놓으면서 대기 중의 이산화탄소를 산소로 바꾸어 놓는데 한 몫을 한다. 데본기의 끝자락에서 페름기가 시작되기까지 약 1억 년 동안의 '석탄기'에는 이들 식물이 죽어 차곡차곡 쌓여 두꺼운 층을 만들었고 그 위에 흙이 덮이면서 결국에는 지금의 석탄층을 형성한다.

결국 과거 지구의 대기를 가득 채우고 있던 이산화탄소는 이와 같이 크게 세 가지 다른 경로의 탄소 고정을 거쳐 대기 중에서 거의 사라져 버렸고 지금은 석유, 석탄, 석회암이 되어 땅속에 묻혀 있게 된 것이다. 여기에서 특히 주목할 것은 이렇게 대기의 이산화탄소가 사라지는 데에는 짧게는 수억에서 길게는 수십억 년에 달하는 상상조차 하기 힘들 정도의 오랜 시간이 소요되었다는 사실이다. 겨우 수천 년의 역사를 가진 인간으로서는 그저 놀라울 따름이다.

탄소는 순환한다

원래 지구의 대기는 약 90퍼센트가 이산화탄소로 이루어져 있었지만 지금은 거의 모든 이산화탄소가 사라져 겨우 0.04퍼센트만 대기 중에 남아 있다. 대기 중에서 사라진 이산화탄소는 모두 석유, 석탄, 석회암 속의 탄소로 변해 땅 속에 묻혀 있다.

언제라도 조건이 맞으면 이 땅속에 고정되어 있던 탄소는 다시 이산화탄소 기체가 되어 대기 중으로 뿜어져 나오게 되는데, 그 대표적인 예가 바로 화산 폭발이다. 화산이 폭발할 때 방출되는 가스는 주로 이산화탄소(CO_2)와 이산화황(SO_2)으로 이루어져 있다. 예를 들어 산의 반쪽이 전부 날아가 없어져 버린 1980년 미국 워싱턴 주의 세인트 헬렌 화산이 폭발할 당시 수천 톤의 이산화탄소와 수백 톤의 이산화황이 대기 중으로 뿜어져 나왔는데, 이후 30여 년이 지난 지금도 하루 500여 톤의 이산화탄소와 100여 톤의 이산화황이 계속 대기 중으로 배출되고 있다고 한다.

이렇게 대기 중으로 방출된 이산화탄소는 공기 중에 떠돌다가 바닷물에 녹아 탄산칼슘($CaCO_3$) 침전이 되어 하얀 석회로 바다 밑에 쌓인다. 또는 고위도 인근 해역에 밀집해 서식하는 식물성 플랑크톤이나 삼림의 나무들에 흡수되어 몸속 탄수화물로 고정되었다가 오랜 시간이 지나 다시 땅속에 묻힌다. 땅 속에서 뿜어져 나온 이산화탄소가 다시 땅 속으로 되돌아가는 것이다. 이러한 과정을 '탄소의 순환(carbon cycle)'이라고 한다.

물의 순환 주기가 일주일에 불과했던 것과는 대조적으로, 탄소의 순환 주기는 수억, 수십억 년에 달한다. 더구나 화산 폭발로 인해 대기 중으로 방출된 이산화탄소가 플랑크톤이나 나무에 흡수되는 데에만 평균 100년이라는 긴 시간이 소요된다. 한번 배출된 이산화탄소는 적어도 100년을 대기 중에 머물게 됨을 의미한다.

문제는 산업 혁명 이후 이 탄소 순환계에 인류가 깊숙이 관여하기 시작했다는 것이다. 석유, 석탄, 석회석을 놀라운 속도로 캐내 대기 중에서 태우면서 원래는 땅 속에 묻혀 있어야 했을 엄청난 양의 이산화탄소를 대기 중으로 방출하게 된 것이다. 시멘트 생산의 주원료인 석회석은 다른 재료들과 함께 1500도의 온도로 가열하는 생산 과정에서 자신이 가지고 있던 모든 탄소를 이산화탄소의 형태로 대기 중에 방출한다. 인류의 주 에너지원인 석탄과 석유는 에너지를 얻기 위해 태우고 나면 이산화탄소가 되어 대기로 방출된다. 대략 계산을 해 보면 현재 인류가 배출하고 있는 이산화탄소의 양이 세인트 헬렌 화산 100여 개를 동시에 폭발시킨 것에 해당한다고 하니 정말 놀라운 일이다.

지난 46억 년 동안 대기 성분이 바뀌고 생명체의 종류와 개체 수가 크게 증가해 온 것을 지구의 진화 과정으로 본다면, 현재 탄소의 순환에 인류가 개입하면서 대기 중의 이산화탄소 농도가 높아지는 것은 지금까지와는 정반대로 나아가는 퇴화 과정이나 마찬가지다. 따라서 대기 중의 이산화탄소가 증가하면 곧 이어 생명체의 종류와 개체 수도 이제까지와는 정반대로 감소하게 되리라는 것을 쉽게 예상할 수 있다. 과연 인류는 그 과정에서 예외로 남겨질 수 있을까? 그것은 전적으로 인류의 자구 노력에 달려 있다. 바로 우리 스스로가 지금과 같은 상황을 초래했기 때문이다.

문제는 비록 우리가 탄소의 순환에 대한 개입을 끝낸다 하더라도

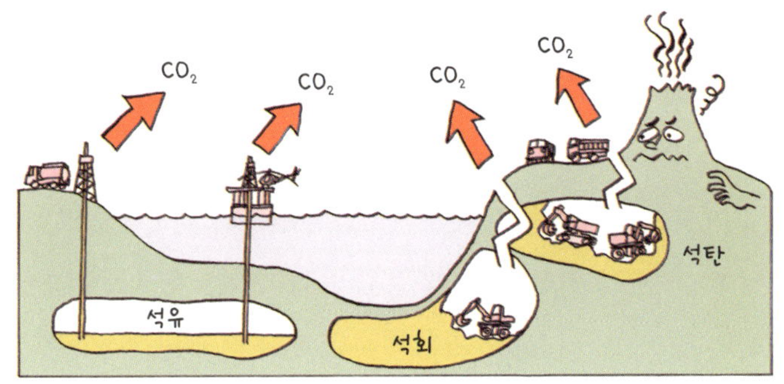

원래 땅속에 그대로 묻혀 있어야 할 석유, 석탄, 석회석을 인위적으로 파내어 마구 태워 버림으로써 인류가 탄소의 순환에 깊이 개입하기 시작했다. 이산화탄소가 고정되는 속도보다 대기 중으로 방출되는 속도가 더 빨라진 것이다. 산업 혁명 이후 100년 동안 대기 중 이산화탄소의 농도가 지속적으로 증가해 왔고 최근 들어 증가 속도는 더욱 빨라지고 있다.

적어도 100년 후에나 비로소 효과가 나타난다는 것이다. 그래서 무엇보다도 우리에게 필요한 것은 먼 미래의 인류를 바라보는 희망이다. 미래 인류에 대한 희망이 없다면 100년 후에나 나타날 효과를 위해 현재의 불편함을 감수하기는 현실적으로 매우 어려울 것이기 때문이다.

밀란코비치 사이클

지구는 하루를 주기로 자전 운동을 하는 동시에 1년을 주기로 태양 주위의 타원형 궤도를 따라 공전 운동을 하고 있다. 이 공전 궤도의 타원형은 모양이 바뀌면서 그 찌그러진 정도가 주기적으로 바뀌는데, 원래 모습으로 되돌아오는 데 10만 년이 걸린다. 지구는 자전 운동 외에도, '세차 요동(precessional wobble)'이라는 원추형의 회전 운동을 하는데, 힘을 잃어 가는 팽이가 넘어지지 않으려고 안간힘을 쓰면서 꺼떡거리며 돌아가는 모습을 연상하면 된다. 이러한 세차 요동의 주기가 2만 3000년이다. 자전축의 기울기도 일정한 각도가 아니고 계속 바뀌고 있는데, 4만 1000년 주기다. 결국 지구는 이러한 여러 주기가 겹친 매우 복합적인 운동을 하고 있는 것이다.

지구의 표면은 태양빛을 받아 가열되고 있는데, 평균적으로 1제곱미터당 100와트짜리 전구를 3개 정도 비추고 있는 것에 해당하는 에너지를 태양으로부터 받고 있다. 태양에 대한 지구의 거리와 자전축의 각도에 따라 이 에너지의 양도 변한다. 세르비아 수학자 밀란코비치는 앞에서 언급한 모든 주기 운동들을 종합적으로 고려해 지구 표면에 내리비치는 단위 면적당 태양 에너지의 양을 계산해 1930년대에 이를 논문으로 발표했다. 밀란코비치의 계산 덕분에 과학자들은 지구의 평균 온도가 주기적으로 어떻게 변해 왔는지를 알 수 있게 되었다.

이러한 밀란코비치의 계산은 후에 실험적으로도 뒷받침되는데, 놀랍게도 빙하를 깊이 뚫어 채취한 수천 수만 년 된 얼음 속에 있는 산소 동위 원소(^{18}O)의 양을 측정함으로써 이를 증명하게 되었다. 물(H_2O)을 구성하고 있는 산소는 ^{16}O 동위 원소 외에도 ^{18}O 동위 원소가 있는데, 가벼운 동위 원소로 이루어진 물($H_2{}^{16}O$)이 무거운 동위 원소로 이루어진 물($H_2{}^{18}O$)보다 더 빨리 증발하는 것이 알려져 있다. 이러한 증발 속도의 차이 때문에, 지구의 평균 온도가 높으면 높을수록, 증발되지 않고 남은 물 속에는 무거운 동위 원소(^{18}O)가 더 많아진다. 따라서 빙하 속에 있는 이 두 다른 산소 동위 원소의 상대적인 양을 측정하면 수천 수만 년 전의 온도를 추정할 수 있게 되는 것이다.

이렇게 추정한 과거 10만 년 동안의 실제 지구 평균 온도의 변화 추이는 밀란코비치가 계산한 주기적인 온도 변화 곡선과 아주 잘 맞아떨어졌다. 하지만 문제는 지난 100여 년간 지구 평균 온도의 변화가 밀란코비치의 예측치와 전혀 맞아들어가지가 않는다는 것이다.

밀란코비치 사이클에 따르면 현재 지구는 차가워지는 주기에 들어가 있어서 빙하가 확장되고 평균 온도가 내려가야 한다. 하지만 이와는 반대로 지구가 빠른 속도로 뜨거워지고 있다는 징후가 여기저기에서 관찰되고 있다. 바로 지구 온난화가 진행되고 있는 것이다. 지구 온난화가 인간 활동에 따른 인위적인 요인으로 인해 일어나고 있다는 것을 보여 주는 최근의 연구 데이터들에 대해 바로 이 1930년대에 작성된 한 수학자의 짧은 논문이 처음으로 확실한 단서를 제공했다.

밀란코비치 사이클에 따르면 지금은 지구 평균 온도가 서서히 내려가면서 빙하기로 접어들어야만 하는 시기다. 이와는 정반대로 지구가 실제 점점 더 더워지고 있음을 나타내는 현상들이 여기저기에서 관찰된다. 이러한 여러 이상 징후들을 통틀어 '지구 온난화'라 하는데 이는 지구가 병들었다는 것을 나타낸다.

바닷속 시한 폭탄, 메탄

대기 오염, 스모그, 산성비 등 화석 연료를 태우면서 나오는 각종 유해성 물질로 인한 여러 환경 문제들이 있지만 그중에서도 가장 근본적이면서도 해결하기가 어려운 문제는 에너지원을 연소하는 과정에서 많은 양의 이산화탄소가 배출되어 대기 중의 이산화탄소 농도가 점점 높아지고 있다는 것이다.

대부분의 교재에서 대기 중 이산화탄소 농도를 0.03퍼센트로 기술하고 있지만 지금의 실제 이산화탄소 농도는 이미 0.04퍼센트로 높아진 상태다. 산업 혁명 이후 30퍼센트가 증가했고 지금 추세대로라면 50년 후인 2060년에는 0.06퍼센트, 2100년에는 0.12퍼센트로 증가할 것이 예상된다.

현재 지구의 평균 온도는 섭씨 15도인데 대기 중 온실 기체의 농도가 높아지면 이 평균 온도도 덩달아 높아진다. 이산화탄소의 농도가 높아지고 지구 평균 온도가 올라가는 그 자체도 우려스럽지만 정작 문제가 되는 것은 증가 속도가 너무나 빠르다는 것이다. 온도가 너무 급작스럽게 변하면 비록 평균적으로는 1도만 올라가지만 마치 시소를 갑자기 흔들어 놓은 것처럼 원래 따뜻하던 곳은 더 더워지고 원래 춥던 곳은 더 차가워지면서 온도 변화의 실제 편차는 수십 도의 범위를 넘나든다. 결국 지구 전체의 기후 패턴은 일대 혼란을 겪게 되고 여기에 적응하지 못한 수많은 동식물들이 멸종의 위험에 직면한다.

여기에 또 하나의 복병이 있는데, 바로 이산화탄소보다 훨씬 강력한 온실 기체인 메탄(CH_4)이다. 메탄은 자연에서 저절로 생겨난다 해 '천연가스(natural gas)'라고도 하는데, 압력을 가해 액체 상태로 공급하면 이를 '액화 천연가스(liquified natural gas)', 즉 LNG라 한다. 조리용으로 각 가정에 공급되는 도시가스가 바로 이것이다.

메탄은 자연에서 혐기성 세균이 유기물을 분해할 때 발생하는 기체로, 공기가 닿지 않는 표토의 깊은 곳, 지하 배수로, 정화조, 음식 쓰레기 매립지 등에서 많이 발생되며 사람이나 동물의 장 내에서도 발생한다. 예를 들어 하루 종일 되새김질을 하는 소 한 마리가 하루에 입으로 내뿜는 메탄 기체는 500리터나 된다.

특히 유기물이 풍부하면서도 공기가 도달하지 못하는 곳으로 대륙붕과 연접한 깊은 바다 밑을 들 수 있다. 이곳에는 많은 혐기성 세균이 서식하면서 하천에서 바다로 유입된 풍부한 유기물을 분해하며 메탄 기체를 뿜어내고 있다. 이렇게 발생된 메탄 기체는 대기 중으로 방출되지 않고 대륙붕 사면을 따라 분포된 얼음층 속의 빈 공간에 들어가 차곡차곡 쌓인다. 이렇게 얼음의 빈 공간에 메탄이 들어가서 만들어진 '불타는 얼음'을 '메탄하이드레이트(methane hydrate)'라고 한다. 알래스카와 시베리아 인근에 분포한 영구 동토층(permafrost) 얼음 속에 전체 표토 속 탄소의 15퍼센트나 되는 엄청난 양의 탄소가 고정되어 있는데 그중 상당량이 메탄하이드레이트의 형태로 묻혀 있다.

문제는 이산화탄소로 인한 지구 온난화로 지구의 평균 온도가 급상승하면 이 영구 동토층과 깊은 바다 밑 얼음이 녹으며 그 속에 있던 메탄 기체가 언제라도 대기 중으로 방출될 수 있다는 것이다. 다행히 메탄의 대기 중에서의 수명은 10년 정도로 이산화탄소의 100년에 비하면 비교적 짧기는 하지만 방대한 양이 단기간에 대기로 방출될 경우 심한 지구 온난화를 촉발한다.

지구 상 동식물의 90퍼센트가 사라지는 대멸종이 일어났던 2억 5000만 년 전 페름기에 바로 이런 일이 실제로 일어났다. 소행성의

메탄은 온실 기체 중에서 가장 큰 온실 효과를 나타내며 오스트레일리아의 경우 국가가 배출하고 있는 전체 온실 기체의 15퍼센트가 목축업에 의한 메탄이다. 흥미로운 것은 원래 오스트레일리아가 고향인 캥거루는 양이나 소가 먹는 똑같은 종류의 풀을 뜯어먹고 사는데도 전혀 메탄을 배출하지 않는다는 사실이다. 그 이유를 알아내기 위해 많은 과학자들이 연구를 하고 있다.

충돌로 야기된 화산 활동으로 대기 중 이산화탄소 농도가 높아졌다. 게다가 바닷속 메탄하이드레이트로부터 방출된 엄청난 양의 메탄 기체가 더해지면서 극심한 지구 온난화가 오랫동안 지속되었던 것이 페름기 대멸종의 주된 원인이었던 점에 주목할 필요가 있다.

현재 대기 중의 메탄 농도는 0.0001퍼센트 정도로 지극히 낮지만 산업 혁명 이후 2.5배 늘어나 매년 증가하고 있는 추세다. 경우에 따라 메탄하이드레이트는 고갈되어 가는 석유를 대신할 에너지원이 될 수도 있다. 하지만 지금 추세로 지구의 평균 온도가 계속 올라가면 사실상 우리는 마치 언제 터질지 모르는 거대한 시한 폭탄을 바다 밑에 깔고 앉아 있는 것이나 다름없는 상황을 맞게 된다.

8 지구는 아프다

살아 있는 생명체는 아프면 증상을 나타낸다. 우리도 병에 걸리면 나름대로의 특징적인 증상들을 보인다. 열이 나고 진땀이 흐르며 밥맛이 없어지고 체온 조절이 안 되면서 추웠다 더웠다 오한이 난다. 숨이 차고 기침을 하며 콧물이 흐르고 정상적으로 하던 모든 활동을 제대로 할 수 없게 되면서 이내 자리에 드러눕게 된다. 심한 경우 적절한 조처를 하지 않으면 죽음에 이를 수도 있다. 정확한 진단과 처방이 아쉬워지는 순간이다.

지난 2004년 9월호 《내셔널 지오그래픽》 표지에는 "Global WARNING!"이라는 표제가 큼직하게 게재되었다. '온난화(warming)'라는 단어 대신에 '경고(warning)'라는 단어를 쓴 것이다. 표지 기사 첫 면에는 "지구에서 보내는 신호(Signs From Earth)"라는 부제 밑으로 현재 지구 환경의 급작한 변화로 나타나고 있는 증상 30가지가 작은 글씨로 빽빽하게 소개되어 있는데 모두 하나같이 우리가 매일 경험하고 있는 것들이다.

주식 시장에서는 흔히 "강대국이 기침만 해도 소액 주식 투자자들은 병에 걸린다."라는 말을 한다. 지구가 아프면……. 그렇다면 인류가 어떻게 될지 굳이 장황하게 설명하지 않아도 쉽게 짐작이 갈 것이다.

사라진 킬리만자로 만년설

지구가 가지고 있는 물의 2퍼센트는 고체 상태인 얼음으로 존재한다. 약 1000킬로미터 반지름의 영역에 걸쳐 북극 바다에 떠 있는 거대한 얼음 덩어리(해빙)와 여기에 연접해 있는 덴마크령 그린란드의 육지 빙하가 지구의 북쪽을 온통 하얗게 덮고 있다. 바다로 이루어져 있는 북극권과는 대조적으로 반지름 약 2000킬로미터에 달하는 남극권의 대부분은 빙하로 덮인 거대한 남극 대륙이다. 그 외에도 각 대륙의 높은 산맥을 따라 4개의 거대한 육지 빙하가 형성되어 있는데, 북아메리카의 네바다 빙하, 남아메리카의 안데스 빙하, 유럽의 알프스 빙하, 아시아의 히말라야 빙하가 바로 그것이다.

밀란코비치 사이클에 따르면 현재는 지구의 온도가 내려가는 주기로 얼음 덩어리의 크기는 계속 커져야만 정상이다. 하지만 지구 온난화로 인해 오히려 그 크기는 빠른 속도로 줄어들고 있다. 바다를 온통 얼음으로 덮어 대륙 간의 가까운 뱃길을 가로막고 있었던 북극권의 해빙은 지난 50년간 크기가 작아져 이제는 여름이면 작은 뱃길을 열어 주기 시작했다. 지금의 추세대로라면 2050년대가 되면 모든 방향으로 뱃길이 완전히 열리고 2100년이면 북극의 해빙은 거의 녹아 없어질 것으로 예측되고 있다. 그린란드와 남극 대륙을 덮고 있는 육지 빙하도 현재 예상했던 것보다 훨씬 빠른 속도로 녹고 있는 것이 확인되었다.

탄자니아의 킬리만자로 산 정상을 덮고 있던 아프리카 대륙의 유일한 만년설은 이미 옛이야기가 된 지 오래며 각 대륙의 주요 산맥을 따라 형성된 거대한 육지 빙하들도 빠른 속도로 녹아내리고 있다. 이들 대륙의 빙하는 겨울 동안 쌓인 눈을 1년 내내 조금씩 밀어내며 그곳에서 발원하는 수많은 하천에 지속적으로 물을 공급하는 안정적인 수원지 역할을 하고 있다. 예를 들어 파키스탄과 인도의 인더스 강과 갠지스 강, 티베트를 지나 방글라데시로 내려가는 브라마푸트라 강, 미얀마를 지나는 살윈 강, 라오스와 캄보디아를 관통해 내려가는 메콩 강, 중국의 양쯔 강과 황허 강은 모두 히말라야 빙하에서 발원해 바다로 내려가는 아시아의 주요 하천들이다. 이 하천들은 인류의 젖줄과 같아서 주변에 인구 밀집 지역이 집중되어 있다.

최근 이 하천들에서 유난히 대규모의 홍수 피해가 빈발하는 것은 기상 이변으로 강수량이 늘어난 이유도 있지만 근본적으로는 수원지인 히말라야 빙하가 빠른 속도로 녹아내리면서 평상시 흘러 내려가는 물의 양이 많아졌기 때문이다. 문제는 빙하가 녹던 것이 멈추고 수원지의 물이 끊기는 단계에 들어가면 마치 시계추가 왔다 갔다 하듯이 거꾸로 지속적인 가뭄이 찾아오게 될 것이라는 점이다.

더구나 빙하에서 녹은 물이 바다로 내려가면 결국에는 해수면이 올라간다. 북극의 해빙은 물위에 떠 있는 얼음이나 마찬가지여서 녹더라도 해수면이 상승하지는 않지만 육지 위에 얹혀 있던 빙하들이

지구 온난화로 인해 지구의 평균 온도가 상승하면서 전 세계적으로 빙하가 빠른 속도로 녹아내리는 증거가 곳곳에서 관찰되고 있다. 특히 남아메리카 대륙과 맞먹는 넓이의 남극 대륙을 덮고 있는 평균 1.5킬로미터 두께의 남극 빙하와 멕시코의 크기인 북극 그린란드를 덮고 있는 빙하가 녹으면 어마어마한 양의 물이 바다로 쏟아진다.

녹게 되면 바닷물의 양이 늘어나면서 해수면을 상승시켜 주요 도시들을 중심으로 인구가 밀집되어 있는 대륙의 연안 지역은 큰 위기를 맞는다.

빙하의 알베도 수치는 0.85로 햇빛의 85퍼센트 정도를 반사해 우주로 다시 내보낸다. 육지가 20퍼센트, 바다가 10퍼센트만을 반사하는 것과는 매우 대조적이다. 뜨거운 햇빛을 가리기 위해 쓴 양산처럼 흰색 빙하는 햇빛의 상당 부분을 가려 지구가 뜨거워지는 것을 막아주고 있는 것이다. 그런데 지구 온난화로 빙하가 녹는 것은 안그래도 더워 미칠 지경인데 쓰고 있던 양산마저 접는 것이나 다름없다. 결국 해수면 상승으로 육지가 잠기고 이어서 지속된 가뭄이 찾아 드는 것은 마치 더운 여름날 땡볕에 서 있게 되면 땀범벅으로 옷이 흠뻑 젖었다가 결국에는 타는 갈증으로 괴로움을 겪게 되는 것과 마찬가지다.

수몰 위기에 처한 몰디브

지구 온난화로 인해 온도가 올라가면 바닷물의 부피는 늘어난다. 더구나 남극 대륙과 그린란드를 덮고 있던 빙하의 녹은 물이 여기에 더해지면 바닷물의 부피가 늘어나는 폭은 더욱 커진다. 결국 부피가 늘어난 바닷물은 육지의 해수면을 상승시키는 결과로 이어진다.

공기 중의 이산화탄소 농도가 산업 혁명기의 4배로 늘어나게 되는 오는 2100년경이면 해수면의 높이가 지금보다 평균 1미터가량 높아질 것으로 예상된다. 원래 바닷물이란 그냥 잔잔하게 있는 것이 아니고 썰물과 밀물, 기압, 바람 등의 영향으로 큰 폭을 오르내리기 때문에 실제로는 이보다 훨씬 큰 폭으로 평균 해수면이 변한다는 것을 의미한다. 현재 해수면이 평균 20센티미터 정도 높아진 것으로 추정되는데, 우리나라 서해안에서 여름이면 침수 피해가 늘어나는 것도 이와 결코 무관하지 않다.

이미 세계 여러 곳에서도 해수면이 높아지고 있는 징후들이 속속 관찰된다. 남태평양의 작은 섬나라 투발루(25제곱킬로미터, 인구 1만 2000명)는 해수면 상승과 기상 이변으로 주민의 이주를 위한 UN의 도움을 요청하기에 이르렀고 평균 해발 1.5미터의 수많은 산호섬들로 이루어진 인도양의 몰디브는 해수면 상승으로 나라 전체가 물에 잠길 위기에 처하면서 국제 사회에 이산화탄소 배출을 줄여 달라고 호소하기에 이르렀다.

지난 2005년 미국 루이지애나 주 뉴올리언스를 강타한 허리케인 카트리나가 810조 달러라는 천문학적 액수의 재산 손실과 1800명이라는 엄청난 수의 사망자를 내며 도시의 80퍼센트를 물속에 잠기게

했던 것도 해수면 상승으로 인해 침수 피해가 크게 증폭된 때문이었다. 특히 해안에 연접한 부촌의 90퍼센트가 물에 잠기면서 가장 큰 타격을 입었던 것도 바로 이 때문이다.

이탈리아의 유명한 관광 도시이자 수상 도시인 베네치아도 해수면 상승으로 큰 영향을 받고 있다. 지난 1970년대부터 산마르코 광장과 같은 도시의 주요 관광 명소들이 아드리아 해로부터 넘쳐들어오는 바닷물 속에 잠기는 일이 종종 일어나다가 2000년대 들어서는 그 횟수가 확연히 늘어나기 시작했다. 베네치아 앞 석호의 바닷물 통로를 막아 도시가 물에 잠기지 않도록 하기 위해 베를루스코니 이탈리아 총리는 10년이라는 긴 공사 기간과 30조 달러라는 엄청난 예산을 투입하는 물막이 공사를 심한 정치적 반대를 무릅쓰고 승인하기에 이르렀다. 지난 2003년 MOSE 프로젝트라는 이름으로 공사가 시작되어 2014년 완공될 예정인 이 물막이 시설이 과연 베네치아를 해수면 상승으로부터 구할 수 있을지는 앞으로 두고 보아야 할 일이다.

뉴욕, 워싱턴, 마이애미, 부에노스아이레스, 베네치아, 함부르크, 더반, 리스본, 방콕, 자카르타, 웰링턴, 홍콩, 상하이, 도쿄는 해수면이 1미터 높아지게 되면 큰 영향을 받게 되는 해안에 인접하고 있는 인구 밀도가 높은 주요 도시들이다. 그 외의 작은 도시들과 섬들을 포함하면 전 세계 인구의 3분의 1이 해수면 상승으로부터 자유롭지 못하다. 특히 인구 밀도가 높은 이집트 나일 강 하구 삼각주와 방글라데시의 갠지스 강 하구 삼각주는 해수면 상승으로 인해 거주지는 물론이거니와 식량의 주된 공급지인 농경지마저 모두 잃게 될 것으로 예상된다.

지난 1999년 미국 노스캐롤라이나 주의 해변 하트라스 곶에서 대

해수면이 서서히 높아지면서 주로 해변을 따라 설치되었던 미국 동부 해안의 수많은
등대들이 위기에 처해 있다. 지반이 파도에 깎여 나가면서 그 자리를 지킬 수 없게 된 것이다.
우리나라에서도 해안을 따라 형성되어 있던 모래 언덕이 깎여나가 사라지고 접안 시설이
붕괴되는 등 이상 징후들이 관찰되고 있다.

서양 바닷물에 잠길 위기에 놓인 당시 130년 된 등대를 육지 쪽으로
900여 미터 끌어 옮겨 놓는 대대적인 토목 공사가 진행되었다. 그러
나 계속되는 해수면 상승 속에서 과연 이 등대가 새로운 보금자리에
서 앞으로 얼마나 더 오랫동안 불을 밝힐 수 있을지 의문이 든다. 다
른 모든 도시들도 모두 이렇게 간단하게 뒤로 한 발짝 물러나는 것이
가능하다면 얼마나 좋을까.

기상 이변의 예고편, 엘니뇨

남·북위 30도 지방에서 적도를 향해 부는 무역풍은 적도의 선을
따라 지구 자전의 반대 방향인 동쪽에서 서쪽으로 강한 무역풍대를

형성한다. 커다란 바람의 띠가 적도를 따라 지구가 도는 반대 방향으로 돌고 있는 것과 같다. 따라서 태평양 상에서는 브라질 북서해안에서 동남아시아 쪽으로 부는 강한 무역풍이 양들을 우리 속으로 몰아넣듯 적도 인근 태평양 상공에서 발달한 구름들을 모두 동남아시아 쪽으로 몰고 가 베트남과 인도네시아 인근의 정글에 비를 뿌리게 만든다. 마찬가지로 인도양 상공에서 발달한 구름은 아프리카 중심부의 밀림 쪽으로 밀려가고 대서양 상공에서 발달한 구름은 브라질의 아마존 강 유역으로 몰려가 많은 비를 뿌리게 된다. 이 세 곳을 짙은 초록색의 열대 우림이 덮고 있는 것은 바로 이러한 이유 때문이다.

이와 같은 무역풍의 띠는 해류에도 큰 영향을 준다. 태평양 표면의 따뜻한 물은 무역풍에 밀려 모두 동남아시아 쪽을 향해 흐르게 되고 깊은 심해에서는 풍부한 플랑크톤과 물고기 들을 동반한 차가운 물이 반대쪽으로 흘러가 브라질 북서 해안에서 표면으로 솟구쳐 올라온다. 결과적으로 동남아시아 쪽 육지에는 항상 따뜻한 물과 습한 공기가 몰려가고 많은 비가 내린다. 반면 브라질 북서 해안에는 심해에서 올라오는 플랑크톤과 물고기 덕분에 적도 지방임에도 불구하고 풍부한 어장이 형성된다.

엘니뇨란 바로 이 적도를 따라 형성된 강한 무역풍의 띠가 마치 브레이크를 밟은 듯 갑자기 속도를 늦추면서 세력이 약해지는 현상을 말한다. 동남아시아의 육지까지 몰려가 비를 뿌리던 구름들은 갑자기 제자리걸음을 하면서 육지에 내렸어야 할 비를 적도의 바다 위에다 쏟아버린다. 동남아시아의 밀림 지대에는 갑자기 비가 오지 않으면서 극심한 가뭄이 닥치고 반대로 원래 비가 오지 않던 남아메리카 대륙의 서쪽 해안에는 갑자기 강수량이 늘어나 때 아닌 냉해가 닥친다. 바람의 띠가 멈추어 서면서 해류의 속도도 느려져 플랑크톤과 물고기를 끌고 표면으로 솟구쳐 올라오던 브라질 해안의 차가운 물도 심해로 내려앉아 버린다. 갑자기 물고기가 사라진 브라질 북서 해안의 어촌은 황폐화된다.

총 20만 제곱킬로미터의 열대 우림이 재로 변해 버린 지난 1997년과 1998년 열대 우림 전역에서 발생한 대규모 산불은 바로 엘니뇨로 인해 촉발된 극심한 가뭄이 원인이었다. 특히 인도네시아 밀림의 산불은 동남아시아 전역을 극심한 연기로 덮어 버리면서 항공기 운항이 금지되고 상당 기간 야외 활동을 자제하는 국제적 소동의 원인이 되기도 했다.

엘니뇨의 이와 같은 결과는 지구 온난화로 촉발된 기상 이변 현상의 예고편이자 맛보기에 불과하다. 이후 엘니뇨와는 정반대의 현상

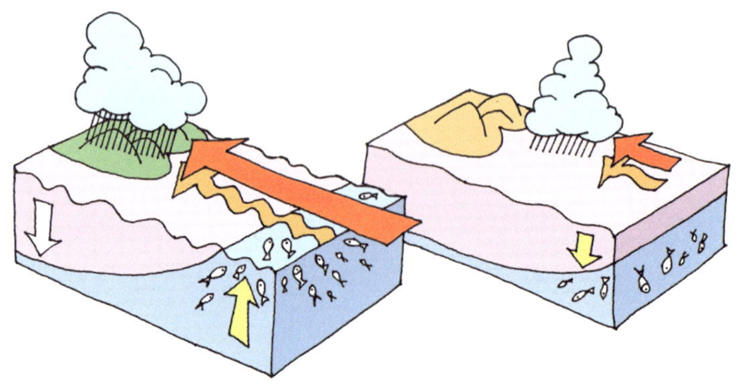

기상 이변의 하나인 엘니뇨란 적도선을 따라 동쪽에서 서쪽으로 부는 무역풍의 세기가 극도로 약해지는 현상이다. 무역풍이 약해지면서 원래 육지까지 이동한 후 비를 내리던 구름들이 그냥 바다 위에다가 비를 다 뿌려 버린다. 그 결과 대양의 서쪽에 분포한 열대 우림에는 극도의 가뭄이 닥쳐 대형 화재가 줄을 잇고, 반대쪽에 분포해 있던 풍부한 어장에서는 물고기가 일시에 사라지는 이변이 일어난다.

인 라니냐가 찾아오고 이 둘의 변종이 속속 등장하기 시작했다. 그야 말로 고요한 물을 마구 휘저어 놓은 듯 그동안 지구의 동식물들이 오랜 기간의 적응을 거쳐 익숙해졌던 기상과 기후 패턴이 삽시간에 일그러지고 뒤틀어지기 시작한 것이다.

물이 부족하다!

지구 상의 물은 대부분 바다의 짠물, 빙하의 얼음, 너무 깊은 곳에 있어 끌어올리기 어려운 지하수의 형태로 존재한다. 이를 제외한 전체의 0.01퍼센트, 즉 전체의 1만분의 1만이 우리가 쉽게 사용할 수 있는 깨끗한 담수다. 하지만 이 0.01퍼센트의 물조차 그 대부분인 67퍼센트는 호수물이고 1퍼센트(정확하게는 1.6퍼센트)만이 강물이다. 다시 말해 지구가 가진 물의 100만분의 1만 강물이라는 말이다. 호수가 없는 우리나라로서는 그야말로 사용할 수 있는 깨끗한 물이 거의 없는 것이나 다름없다.

그런데 놀랍게도 지구 전체로 보았을 때 강물의 5배나 되는 물을 대류권의 공기가 수증기의 상태로 머금고 있으며 10배에 해당하는 많은 물을 표토가 간직하고 있다. 삽으로 땅을 파면 젖은 흙을 쉽게 볼 수 있다. 바로 이렇게 흙을 적시고 있는 물의 양이 강물의 10배나 된다니 정말 놀라운 일이다. 더구나 강물은 바다를 향해 빠른 속도로 흘러내려가 버리지만 흙 속의 물은 오랫동안 머무르며 표토의 건강을 유지하는 중요한 역할을 한다. 예로부터 겨울에 눈이 많이 오면 이듬해 여름에는 풍년이 든다는 말이 있다. 겨울에 쌓였던 눈은 서서히 녹아 들어가 흙 속에 풍부한 물을 가두어 놓음으로서 그 해 심는 농작물들이 풍성하게 자라는 데 큰 몫을 하게 되는 것이다.

지구 온난화로 인해 지구의 평균 온도가 올라가면 이 땅속의 물이 증발하는 양도 크게 늘어난다. 특히 남·북위 30도 인근의 건조 지대에서는 그나마 얼마 안 되는 이 표토 속의 물을 지나가는 건조한 바람이 다 앗아간다. 바람은 이 증발된 물을 안고 남·북위 60도 지역으로 이동해 그곳에서는 오히려 더 많은 비를 뿌린다. 지구 온난화로 기후 패턴의 불균형이 더욱 심화되는 대표적인 사례다. 결과적으로 북위 60도 인근의 인구 밀집 지역에서는 늘어난 강수량으로 강이 범람하고 가옥과 시설이 침수되며 산사태가 나는 등 온갖 재난을 겪게 되지만 같은 시간에 남·북위 30도 인근의 건조 지대에서는 사막이 서서히 넓어지고 강과 호수는 말라붙고 목초지는 황폐화되며 경작지는 불모지로 변해 버린다.

사망자만 해도 40만으로 추정되는 아프리카 수단의 다르푸르 지역에서 일어난 지난 2003년의 인종 대학살도 이러한 기후 변화와 결코 무관하지 않다. 이곳은 사하라 사막에 연접한 건조 지대로 아랍계 주민은 낙타를 몰고 다니는 유목민이며 비아랍계 주민은 경작을 하는 농민이었다. 표면적으로는 종교적인 갈등으로 시작된 것으로 알려져 있지만 사실상 그 이면에는 사하라 사막이 확장되면서 기존의 목초지가 황폐화된 것이 유목민과 농민 사이의 갈등을 부추긴 근본 원인으로 작용했다.

남위 30도선에 위치한 오스트레일리아는 대부분이 사막과 건조 지대로 이루어져 있고 그나마 비가 내리는 동쪽 연안을 따라 도시와 경작지가 분포하고 있다. 지난 2000년부터 오스트레일리아에서는 평균 기온이 상승하고 강수량은 줄어드는 기상 이변이 8년 넘게

지구의 표토, 즉 흙은 가장 좋은 물 저장소이기도 하다. 공생 관계처럼 물이 충분한 표토에서 식물이 잘 자라고 잘 자란 식물이 덮고 있는 표토는 쉽게 물을 잃지 않는다. 과도한 목축으로 늘어난 염소들이 풀을 다 뜯어먹는 중국과 몽골의 표토는 급속도로 물을 잃어버리면서 점점 사막으로 변하고 있다. 최근 한국에 몰려오는 황사가 심해지고 있는 주요 원인의 하나이기도 하다.

지속되면서 표토가 지니고 있던 대부분의 물을 다 잃어버리게 되었다. 주요 수출품이었던 농산물 생산이 급감하고 농업이 뿌리째 흔들리면서 파산자와 자살자가 속출하는 사태를 빚었다. 더구나 보가(Boga) 호수와 같은 큰 수원지가 다 말라붙으면서 모든 사람들이 물을 배급제로 공급받아야 하는 극한의 상황으로까지 내몰렸다.

현재 국제 사회는 오스트레일리아에서 진행되고 있는 변화의 추이를 예의 주시하고 있다. 지구 온난화의 영향으로 농작물의 경작 조건이 악화되고 이로 인해 곡물 가격이 폭등하면서 세계 식량난이 일어날 것으로 예상되는데 지금 오스트레일리아에서 일어나는 현상이 바로 축소판이기 때문이다.

생태계 교란과 개체 수 감소

지난 2005년부터 카리브 해 인근에서 드러나기 시작한 양서류(개구리)의 개체 수 감소는 결국 전 세계적으로 진행되고 있는 현상임이 확인되었다. 전체 알려진 5700종의 개구리 중 반 이상의 종에서 개체 수가 줄어들고 있으며 그중 4분의 1이 이미 멸종했거나 멸종 위기에 처해 있는 것으로 알려졌다. 서식지 파괴, 남획, 곰팡이 감염, 각종 질병 등 직접적인 원인은 다르지만 전체적으로 드러나는 공통 분모는 바로 환경 변화로 촉발된 생태계 교란이다.

지난 2003년 《네이처》에 발표된 연구 결과에 따르면 동남아시아 열대 우림 지역의 미소 생태계(microcosm)로 지정된 싱가포르에서만 지난 80년 사이에 전체의 3분의 2에 달하는 종의 새들이 멸종된 것으로 확인되었다. 지난 200년 동안의 자료를 모두 분석해 이를 동남아시아 전 지역으로 연장해 추정했을 때 42퍼센트에 달하는 수의 동물 종들이 이미 멸종했거나 멸종의 목전에 도달했다고 추정되었다. 같은 해에 역시 《네이처》에 발표된 다른 연구 결과에 따르면 상어, 참치, 황새치, 청새치와 같은 어족 자원의 개체 수가 50년 전의 10퍼센트로 줄어들었다고 한다. 역시 같은 해에 발표된, 온대 지역의 미소생태계인 영국에 대한 연구에 따르면 전체 동식물의 30퍼센트에 달하는 종이 현재 멸종 위기에 처해 있는 것이 확인되었고 조사된 자료를 세계의 전 지역으로 연장 추정해 볼 때 최소 65퍼센트에서 최대 95퍼센트에 달하는 동식물 종들이 멸종 위기를 맞고 있는 것으로 추정되었다.

지난 2006년부터 미국, 캐나다, 유럽 전역에서 광범위하게 목격되기 시작한 꿀벌들의 집단 폐사(Colony Collapse Disorder, CCD)는 아직도 정확한 원인을 모른 채 계속 확산되고 있다. 꽃가루 매개자의 개체 수 감소는 곧 작물 생산량의 감소로 이어진다. 예를 들어 캘리포니아의 아몬드 재배지에서는 꽃 피는 계절이 되면 거대한 트레일러 트럭에 벌통을 가득 실은 양봉업자들이 와서 돈을 받고 벌들을 풀어놓는 모습이 쉽게 목격된다. 지역의 꿀벌들이 모두 폐사해 버리는 바람에 고육지책으로 나온 방법이다. 실제로 아몬드를 전 세계로 수출해 벌어들인 이윤의 대부분이 농장주가 아닌 이 양봉업자들의 주머니로 들어가는 게 현실이라고 한다.

종과 지역을 가리지 않고 전 세계적으로 진행되고 있는 이와 같은 생태계의 교란 현상은 인류라고 해서 비껴가지는 않는다. 지구의 평균 온도가 올라가면 바이러스와 세균의 활동성은 증가하지만 반대로 인간의 면역 기능은 급변하는 환경에 적응하는 과정에서 크게 약화된다. 이 두 요인이 중첩되면서 인류 사회에는 결핵, 홍역, 말라리

근현대에 심화되고 있는 생태계 교란으로 인해 인류를 제외한 거의 모든 종에서 개체 수 감소가 관찰되고 있다. 이러한 추세가 대규모의 멸종으로 이어진다면 인류라고 해서 그 영향으로부터 자유로울 수는 없을 것이다. 아주 먼 훗날, 어쩌면 인류는 멸종을 자초한 유일한 생명체로 기록될지 모를 일이다.

아와 같이 과거 거의 사라진 것으로 여겼던 질병이 다시 살아나고 AIDS, SARS, 에볼라, 신종 인플루엔자 등 새로운 질병이 발생하는가 하면 어떤 항생제도 듣지 않는 슈퍼 세균이 등장하는 등 큰 혼란이 초래되고 있다. 더구나 교통 수단의 발달로 인한 세계화는 과거의 국지적 유행병(epidemic)을 세계적 전염병(pandemic)으로 바꾸어 놓으면서 이제는 인류 전체를 한꺼번에 위협하고 있다. 사실상 인류도 개체 수가 감소하면서 멸종의 길로 들어선 수많은 종의 동식물과 별반 다를 바 없는 위험한 상황을 직면하고 있다는 사실에 모두 눈떠야 할 때다.

스페인 독감의 역습

우리가 대수롭지 않게 여기는 독감, 인플루엔자는 과거 수차례에 걸쳐 전 세계를 공포의 도가니로 몰아넣었던 전력이 있다. 제1차 세계 대전이 끝나가던 1918년, 유럽 전선에서 돌아온 환자들을 수용했던 미국 캔자스 주의 한 군 막사에서 퍼지기 시작한 스페인 독감 바이러스(H1N1형 바이러스)는 4개월 만에 전 세계로 확산되어 1년 만에 당시 인구 60명당 1명꼴인 4000만여 명의 목숨을 앗아 갔다. 전쟁 전인 1889년에는 러시아 독감(H2N2형 바이러스)이 퍼져 1년 만에 유럽 대륙에서만 25만여 명이 사망했고 1957년에는 중국에서 시작된 아시아 독감이라 부르는 인플루엔자 바이러스(H2N2형 바이러스)가 1년 만에 전 세계적으로 100만여 명의 목숨을 앗아 갔다. 모두 조류 사이에서만 전염되던 독감 바이러스가 변종 인플루엔자 바이러스로 변해 인간을 공격하면서 촉발된 세계적 전염병 사례들이다.

겨울이 되면 아직도 가끔 스페인 독감, 러시아 독감, 아시아 독감 바이러스가 찾아와 심한 독감 증세로 우리를 괴롭히지만 이제는 우리 면역 체계가 적응력을 갖게 되어 그리 큰 걱정을 하지는 않는다. 하지만 문제는 이제까지 전혀 경험해 본 적이 없는 새로운 종류의 변종 인플루엔자 바이러스가 나타나게 되면 언제라도 과거에 일어났던 대규모의 재앙이 일어날 수 있다는 것이다. 지난 2009년 겨울 신종 인플루엔자로 전 세계가 잔뜩 긴장하며 일대 소동을 겪었던 것은 바로 이 때문이다.

조류 독감이 인간 독감이 되려면 바이러스의 유전자에 변형이 일어나야 한다. 이 두 동물의 유전자 정보가 판이하기 때문이다. 유전자 변형이 일어나려면 한동안 바이러스를 몸속에 품고 다녀 줄 인큐베이터 역할을 할 숙주가 필요한데, 축사에 갇힌 돼지나 밀도 높은 양계장의 닭들처럼 위생이 열악하고 밀집된 집단 생활을 하는 동물이 인큐베이터로서는 안성맞춤이다. 바이러스를 몸속에 지니고서도 겉으로 표시가 나지 않든지, 아니면 이내 다른 동료에게 전해 줘서 계속 그들의 몸속을 전전하게 할 수 있기 때문이다. 더구나 그 동물이 사람과의 잦은 접촉으로 충분한 인간의 유전자 정보를 함께 지니고 있다면 조류와 인간 사이에 징검다리를 놓는 인큐베이터가 된다.

제1차 세계 대전의 막바지에 시작된 스페인 독감의 사례를 보면, 위생이 열악한 유럽 전선의 참호 속에 집단으로 갇힌 채 몇 개월의 지루한 전투를 벌였던 군인들은 최적의 인큐베이터였음을 알 수 있다. 공상 과학 영화에서 외계인이 사람에게 들어와 그 탈을 쓴 채 야금야금 인간 세상을 잠식해 들어가듯 군인들의 몸속에 들어간 조류 독감 바이러스는 계속 유전자 변형을 일으키며 전염성이 강한 새로운 변종 바이러스로 발전해 마침내 인간 세상을 초토화시키기에 이르렀던 것이다.

인큐베이터 안에서 일단 유전자 변형에 성공한 바이러스는 예전에 한 번도 만나 본 적이 없는 새로운 모습이 되어 예고도 없이 갑자기 우리 앞에 나타난다. 우리로서는 적에 대한 아무런 정보도 없이 무방비 상태로 전쟁터에 나간 것이나 마찬가지다. 이를 대비하기 위해 우리가 미리 할 수 있는 일은 단 하나 면역력을 강화해 기초 체력을 든든히 다져 놓는 것밖에는 없다. 적이 나타나면 당장의 기지와 순발력만으로 돌파하며 나아가야 하기 때문이다.

그런데 문제는 현재 우리가 겪고 있는 지구 온난화와 같은 급격한 환경 변화는 면역력을 약화시키는 동시에 바이러스나 세균과 같은 병원성 인자의 활동력은 오히려 높이게 된다는 점이다. 규칙적인 일상, 적절한 운동, 균형 잡힌 영양 섭취, 충분한 수면, 철저한 생활 위생 등이 요구되는 이유다. 적어도 흡연, 음주, 문란한 생활 등과 같이 자신이 원래 가지고 있던 면역력마저 죽여 버리는 어리석은 일은 피하는 게 좋다.

3부

생명의 고향: 수권

9 물의 발자국을 따라가다

　영원히 변치 않겠다는 정표로 결혼식에서 다이아몬드가 박힌 반지를 예물로 주고받는다. 포도씨보다도 작은 다이아몬드 하나를 사려고 엄청난 액수의 돈을 기꺼이 지불하는데, 이는 두 가지 이유로 정당화된다. 하나는 흔하지 않다는 것이고, 또 다른 하나는 높은 굴절율, 높은 열전도도, 높은 강도 등 다른 어떤 물질도 가지고 있지 않은 독특한 성질을 다이아몬드만이 가지고 있다는 사실이다.

　그런데 '깨끗한 물'도 이 두 가지 면에서 보면 다이아몬드와 다를 바가 없다. 우리는 마치 주변에 물이 흔하게 널려 있는 것으로 여기지만 실제로는 사용할 수 없는 물이 대부분이기 때문에, '깨끗한 물'도 다이아몬드와 마찬가지로 희귀한 자원이다. 또한, 물은 불에 타지 않고 고체가 액체 위에 뜨며 유전율이 가장 높고 표면장력도 큰, 이 세상에서 그 어떤 액체로도 대신할 수 없는 신비한 성질이 있다. 그럼에

도 우리는 한 병의 깨끗한 물을 사는 데 약간의 대가만 지불하다 보
니 자연히 물의 진정한 가치를 잊기 십상이다. 하지만 며칠만 물 없이
지내 보라. 다이아몬드 반지를 물 한 잔과 기꺼이 바꾸게 될 것이다.

불붙지 않는 액체

만약 이 세상에 물이 존재하지 않았더라면 생명체는 어떻게 되었
을까? 물 대신에 다른 액체의 성질에 적응해 그 나름대로의 생명체
가 존재하는 것이 가능할까?

우리 주변에서 흔히 접할 수 있는 액체로는 물(분자량=18) 이외
에도 메탄올(32), 에탄올(46), 아세톤(58), 에테르(74), 벤젠(78), 헥산
(86), 톨루엔(92) 등을 들 수 있다. 괄호의 숫자는 분자량을 나타내는
데, 물의 분자량이 유독 작다는 것을 알 수 있다. 대부분의 분자성 물
질들은 분자량이 작을수록 끓는점이 낮고 휘발성이어서 쉽게 기체
가 되려는 성질을 갖게 된다. 상온에서 수소(2), 질소(28), 산소(32), 이
산화탄소(44)가 모두 기체인 것을 보아도 알 수 있다. 그런데 유독 물
은 분자량이 산소의 절반밖에 안 되는데도 불구하고 상온에서 액체
로 존재하며 증기압도 매우 낮아서 잘 증발하지도 않는다. 물 분자들
이 '수소 결합'이라는 특별한 형태의 강한 인력으로 서로를 끌어당기
면서 집단을 이루어 액체가 되었기 때문이다.

산소(O)나 질소(N), 불소(F)에 직접 결합된 수소(H)를 가지고 있
을 경우, 분자들 간에는 매우 강한 인력이 작용하게 되는데, 이를 수
소 결합이라 부른다. 실제로는 결합의 성질을 갖는 것은 아니지만 인
력의 세기가 결합만큼이나 강하기 때문에 '결합'이라는 말로 표현한

다. 만약 수소 결합이 없었다면, 물은 상온에서 액체로 존재하지 않고 기체로 존재했을 것이다. 이와 같이 분자량이 작은데도 불구하고 수소 결합 때문에 상온에서 액체로 존재하는 단순한 분자들로는, 메탄올(CH_3OH), 에탄올(C_2H_5OH), 히드라진(N_2H_2), 암모니아(NH_3), 과산화수소(H_2O_2) 등이 고작이다.

물 대신에 앞에서 열거한 다른 액체들로 이루어진 세상이 있다면 어떨까? 일단 가장 문제가 되는 것은 이 액체들이 모두 쉽게 불이 붙는 인화성을 갖는다는 것이다. 알코올과 톨루엔을 제외하고는 모두 인화점이 영하의 온도이며 에탄올의 경우 섭씨 12도, 톨루엔의 경우 섭씨 4도로 매우 낮은 온도에서 모두 불이 붙는다. 이와는 대조적으로, 물은 인화성이 전혀 없는 매우 안정한 액체다. 그러니 물 대신 다른 액체로 이루어진 세상은 그야말로 불지옥이나 다름없었을 것이다.

물 대신 알코올로 이루어진 세상을 상상해 보라. 수도꼭지를 틀면 술이 쏟아지고 술로 밥을 하고 술로 목욕을 하니 주당들에게는 마치 천국과 같을지도 모른다. 사실 이러한 세상에서 취하려면 술집이 아닌 '물집'을 가게 될 것이 분명하다. 물 한잔을 따르며 흥얼흥얼 세상사를 논했을 것이 분명하다. 하지만 이렇게 알코올로 이루어진 세상은 결코 존재할 수 없다. 어느 따뜻한 날, 불 옆에 섰던 사람이 갑자기 불이 붙더니 폭발하고 강과 바다는 일단 불이 붙으면 걷잡을 수 없이 타 버리고 세상 모든 곳이 불길에 휩싸일 테니 말이다. 아마도 집집마다 "자나 깨나 불조심"이라는 표어가 가보처럼 전해 내려오고 불을 피워 난방을 하기는커녕 음식을 요리해 먹는다는 것은 생각도 할 수 없는 일이었으리라.

미지의 액체 시료 가운데에서 물을 골라내는 가장 간단한 방법은 불을 붙여 보는 것이다. 일상생활에서 접하게 되는 액체 물질 중에 불타지 않는 것은 물뿐이다. 알코올, 아세톤, 톨루엔, 벤젠, 경유, 휘발유, 식용유 모두 불을 붙이면 타는 액체들이다.

육각형 결정으로 내리는 눈

얼음(고체)이 물(액체)위에 뜬다는 것을 우리는 너무나도 당연한 사실로 받아들이고 있다. 그러나 이와 같이 고체가 액체 위에 뜨는 것이 그리 보편적인 현상은 결코 아니다. 대부분의 물질들에서, 고체가 액체 속으로 가라앉는 것이 더 일반적이다. 예를 들어 벌겋게 녹은 쇳물(액체)에 쇳덩어리(고체)를 던지면 쇳덩어리는 아래로 가라앉는다. 왜 유독 물의 경우에는 고체가 액체에 가라앉지 않고 반대로 뜨는 것일까?

물 분자의 기본 골격은 네 귀퉁이가 뾰족하게 튀어나온 정사면체 구조다. 액체 상태에서 물 분자들은 귀퉁이들을 서로 엇갈리게 하면서 차곡차곡 포개어져 있을 수 있기 때문에 비교적 적은 부피를 차지한다. 하지만 고체 상태가 되면 수소 결합이라는 특별한 형태의 강한 인력으로 인해 귀퉁이들은 서로 마주보는 위치에 서게 되고 전체적으로 몸집이 불어난다. 이것은 한 세트의 트럼프용 카드들을 가지고 서로 이마를 맞대어 큰 카드 집을 세우는 것과 같은 이치다. 작은 부피로 포개진 카드들이 갑자기 이마를 맞대며 일어나 큰 부피의 카드 집을 만들듯이, 액체 상태의 물 분자들이 각 귀퉁이들을 맞대고 일어서면서 부풀어 오르게 되는 것이다. 얼음 속에는 벌집처럼 빈 공간이 많이 생기면서 얼음이 물보다 더 가벼워지는 것이다. 얼음 속에 생기는 이러한 빈 공간은 육각형의 매우 규칙적인 입체 모양이라서, 여러 방향으로 육각형의 통로를 형성하게 되며 이러한 육각형 틀이 얼음 결정을 이루는 기본 구조가 된다. 그래서 한겨울에 내리는 눈이 육각형 결정 구조를 갖게 되는 것이다.

만약에 다른 물질들에서와 마찬가지로 얼음(고체)이 물(액체)속으로 가라앉았더라면 어떤 일이 벌어졌을까? 겨울이 되어 호수의 표면이 얼면 얼음은 호수 바닥으로 가라앉았을 것이다. 물속에서 보면 표

얼음으로 덮여 냉기가 차단된 물속은 생명체가 살아가기에 적합한 환경을 유지한다. 만약 얼음이 가라앉는 성질을 가졌더라면 빙하기가 되어 영하의 기온이 지속되면 모든 물은 밑에서 위로 전체가 다 꽁꽁 얼어 버렸을 것이다. 수많은 빙하기를 거친 후에도 지구가 생명체로 가득한 것은 물의 특이한 성질 덕분이다.

면에서 언 조그맣고 하얀 얼음 조각들이 마치 하늘에서 눈이 내리듯 계속 아래로 내려와 바닥에 차곡차곡 쌓였을 것이다. 결국 긴 겨울이 지나면 호수는 바닥으로부터 표면까지 모두 꽁꽁 얼어붙게 되었을 것이다. 만약 물이 일반적인 다른 물질들에서와 같은 성질을 가졌더라면, 아마도 지구의 많은 생물, 특히 수중 생물들은 몇 차례에 걸친 빙하기를 거치면서 모두 얼어 죽었을 것이 분명하다. 얼음이 물위에 뜨는 자연의 오묘한 이치로 아무리 혹독한 추위가 와도 표면만 살짝 얼어붙은 호수 안에서는 생물들이 진화를 거듭하며 살아갈 수 있었던 것이다.

빈 공간으로 가득한 얼음

얼음이 물보다 밀도가 낮아서 가볍다는 것은 물이 얼면서 그 속의 빈 공간이 늘어나 부피가 커졌다는 것을 의미한다. 이것은 딱딱한 설탕을 한껏 부풀려 솜사탕을 만든 것과 같다. 솜사탕을 힘으로 꾹꾹 누르면 부피가 줄어들면서 다시 딱딱한 설탕처럼 변한다. 마찬가지로 얼음에 압력을 가하면 부피가 작아지고 얼음 속에 있던 빈 공간이 없어지면서 다시 물로 변한다. 원래 얼음으로 존재해야 하는 영하의 낮은 온도에서도 높은 압력을 가하면 얼음이 녹아 물이 되는 것이다. 다시 말해 압력이 높아지면 물의 어는점은 내려간다.

이와 같이 압력을 가하면 쉽게 얼음이 녹는 현상을 우리 주변에서도 종종 접할 수 있다. 전통 방식을 그대로 따르는 칵테일 바에 가보면 바텐더가 커다란 덩어리 얼음을 깨기 위해 뾰족한 송곳을 사용하는 모습을 볼 수 있다. 송곳으로 얼음을 콕콕 찍으면 알맞은 크기의 예쁜 얼음들이 다양한 모양으로 떨어져 나온다. 흔히 망치를 사용하면 얼음이 더 잘 깨질 것이라 생각하기 쉽지만 실제로는 전혀 그렇지 않다. 같은 힘을 주면서 실제로 얼음을 깨 보면 망치보다 송곳이 훨씬 낫다는 것을 알게 된다. 이는 닿는 면적을 줄이면 압력이 커지기 때문에 일어나는 현상이다. 뾰족한 송곳 끝의 높은 압력으로 인해 송곳이 닿자마자 얼음이 녹으며 쉽게 파고 들어가 얼음을 쪼개는 것이다.

얼음 위에서 스케이트가 미끄러져 나가는 것도 같은 원리다. 스케이트에 몸무게가 실리면 스케이트 날의 날카로운 모서리가 얼음을 누르는 압력이 높아지면서 순간적으로 얼음이 물로 변해 날이 얼음 속으로 파고들어 간다. 이때 녹아 나온 물은 스케이트 날과 얼음 사이에서 윤활제 역할을 한다. 스케이트 날의 모서리가 달아서 뭉툭해지면 얼음과의 접촉면이 넓어져 압력이 작아진다. 결국 어는점이 낮아지는 효과가 없어지면서 스케이트를 타던 사람은 쉽게 중심을 잃는다. 그래서 스케이트 날의 모서리가 날카롭게 서도록 숫돌로 자주 갈아 주어야 하는 것이다.

높은 압력을 가하면 이렇게 얼음속의 빈 공간이 없어지기도 하지만 압력을 높여 이 빈 공간 속으로 다른 물질을 우겨 넣을 수도 있다. 얼음 속의 빈 공간은 작은 크기의 기체 분자가 들어가기에 딱 알맞은 크기를 하고 있어서 압력이 놓은 상태에서 메탄이나 이산화탄소와 같은 기체를 만나면 곧바로 분자들로 공간이 다 채워진다.

이와 같이 얼음과 기체가 높은 압력에서 만나는 가장 대표적인 장소는 수심 300미터 이상의 깊고 차가운 바닷속 퇴적층이다. 퇴적층에 쌓인 유기물을 먹으며 증식하는 혐기성 세균들이 메탄 기체를 뱉

소위 불붙는 얼음이라 부르는 메탄하이드레이트는 얼음과 똑같아 보인다. 그런데 불을 붙이면 불길에 휩싸인다. 심해의 높은 압력으로 인해 얼음의 빈 공간 속으로 메탄 기체가 들어가 있기 때문이다.

어 놓으면 메탄 분자들은 주위에 있던 얼음의 빈 공간 속으로 들어가 '메탄하이드레이트'라는 새로운 물질을 만든다. 이론상 심해에서 메탄하이드레이트를 캐내 지상에서 녹이면 약 1킬로그램의 메탄하이드레이트에서 최고 170리터의 천연가스를 얻게 된다. 메탄하이드레이트는 미래의 에너지원으로 활용될 수 있는 중요한 광물 자원이나 마찬가지인 것이다. 우리나라 독도 인근의 대륙붕 경사면에는 세계 어느 곳보다도 풍부한 메탄하이드레이트가 매장되어 있다. 왜 일본이 극히 작은 바위섬에 불과한 독도를 놓고 한국을 상대로 수시로 외교적 무리수를 두고 있는지 쉽게 이해할 수 있다.

소금을 위스키에 녹이는 법

소금이 물에 잘 녹는다는 것은 누구나 잘 알고 있다. 국에 소금으로 간을 맞추는 데 이골이 난 주부들은 이를 너무나 당연한 것으로 여긴다. 하지만 소금이 다른 액체에도 이렇게 잘 녹는 것은 아니다. 한번 실험으로 확인해 보자. 투명한 2개의 컵에 위스키(45퍼센트 알코올+55퍼센트 물)와 수돗물을 각각 50밀리리터씩 따른 후, 각 컵에 한 두 찻숟가락 분량의 고운 소금을 넣고 잘 저어 보라. 물에 넣은 소금은 금방 다 녹아 버리지만 위스키에 넣은 소금은 대부분 녹지 않고 그대로 남아 있는 것을 보게 될 것이다. 순수한 100퍼센트의 알코올이었다면, 소금은 전혀 녹지 않는다. 아세톤이나 에테르, 혹은 벤젠 등의 다른 흔한 액체들에도 소금을 넣어 보면 역시 전혀 녹지 않는 것을 관찰할 수 있다.

소금과 같이 우리가 흔히 '염(salt)'이라고 부르는 이온결합성 고체 화합물들은, 양이온과 음이온들 간에 작용하는 정전기적 인력, 즉 이온결합에 의해 형성된 고체들이다. 이 결합은 매우 강해서, 소금($NaCl$)이나 염화칼륨(KCl) 등 대표적 염의 경우, 녹는 온도인 섭씨 700~800도 이상의 높은 온도로 가열해야만 이 결합을 깰 수 있다. 그런데 신기하게도 물속에서는 이렇게 강했던 정전기적 인력이 매우 약해져서, 이온결합이 깨지면서 염은 양이온과 음이온으로 쉽게 녹는다.

반대 이온 간의 정전기적 인력이 물속에서 이렇게 약해지는 이유는, 물의 유전율(permittivity)이 매우 크기 때문이다. 유전율이란 두 반대 전하 사이에 끼어 들어가 그들 간에 서로 끌어당기는 정전기적 인력을 얼마나 약하게 만드는지를 나타내는 물질의 성질이다. 진공의 유전율을 1로 놓고 그것의 몇 배만큼 인력의 세기를 약하게 하는지를 나타낸다고 이해하면 된다. 주변에서 흔히 보는 액체들의 유전율 값은 다음과 같다. 물=80, 에탄올=25, 아세톤=21, 에테르=4, 벤

물은 우리 주변에서 보는 모든 액체 중에 가장 이간질을 잘하는
물질이다. 소금이 물에 잘 녹는 이유는 바로 물이 가지고 있는 이
특이한 성질 때문이다.

젠=2 등으로, 물이 모든 액체 중에서 가장 큰 유전율 값을 가지고 있
다. 물의 유전율이 80이라는 것은 Na^+와 Cl^- 이온들 사이의 정전기
적 인력을 80분의 1로 줄여 놓게 된다는 의미이다.

만약 물의 유전율이 이렇게 크지 않았더라면, 우리는 생명을 유지
할 수 없었을 것이다. 생명을 유지하는 데 필요한 Na^+나 K^+와 같은
필수적인 이온들을 이온 상태로 체내에 흡수하기 힘들었을 테니까
말이다. 물론 짠맛도 느끼지 못했을 것이다. 만약 우리가 물 대신 알
코올로 이루어진 별에 사는 것이었다면, 음식을 흡수하지 못해 모두
뼈만 앙상한 채 영양 부족 환자의 모습을 하고 있었을지도 모를 일이
다. 다른 별에 생명체가 살 수 있는지를 판단하는 데 있어서 물의 존
재가 가장 중요한 요인으로 간주되는 것도 바로 이 때문이다.

깨끗한 물은 자원이다

우리나라 사람들이 사용하는 하루 평균 물 사용량은 대략 360리터다. 사무실이나 식당의 식수대에 거꾸로 세워 놓는 큰 플라스틱 생수통에 들어가는 물의 부피가 18리터이니, 한 사람이 하루에 이 큰 생수통으로 20통이나 되는 물을 사용하는 것이다. 그럴 리가 있겠나 싶겠지만 아침에 일어나 잠자리에 들 때까지의 일상을 잘 따져 보라. 수세식 화장실에서 한번 물을 내리면 생수통 한 통인 18리터가 사용되는데, 하루에 대여섯 통은 내리게 된다. 샤워를 10분 동안 하면 생수통 열 통인 180리터가 사용되고 세탁기 한 번 돌리는 데에도 생수통 열 통의 물이 사용된다. 그 외에도 마시는 물 2리터에 식재료를 씻고 설거지하는 것까지 치면 생수통 20통을 훌쩍 넘어가 버린다. 서울 시민을 1000만 명으로 잡고 한 사람이 생수통 20통의 물을 사용한다고 치면, 하루에 서울에서만 필요로 하는 물의 부피는 무려 생수통 2억 통에 해당한다.

지구에 있는 물을 전부 18리터 생수통에 넣었다고 치면, 그중에 우리가 사용할 수 있는 '깨끗한' 물은 전체의 1만 분의 1에 해당하는 고작 한 숟가락에 지나지 않는다. 깨끗한 물이 한정된 자원임을 깨달아 소중하게 생각해야 하는 이유다.

이것뿐만이 아니다. 물과는 아무 상관이 없어 보이는 우리의 모든 행동의 이면을 보면 엄청난 양의 물을 사용하고 있는 것이나 다름없다. 물을 아끼기 위해 음료수도 시키지 않은 채 햄버거 하나를 주문해 꾸역꾸역 목이 메어 가며 먹었다 치자. 한 방울의 물도 사용하지 않은 것으로 착각할지 모르지만 사실은 생수통 100통의 물을 방금 마셔 버린 것이나 마찬가지다. 왜냐하면 햄버거에 들어가는 식재료를 얻기 위해 밀, 토마토, 양상추, 양파 등을 경작하는 데는 물론, 소에게 먹인 사료용 옥수수를 경작하는 데에도 물을 주었고 소에게도 마실 물을 직접 먹였기 때문이다. 이렇게 사실상 물을 사용한 것이나 다름없는 경우를 일컬어 "가상수(virtual water)를 썼다." 혹은 "물 발자국(water footprint)을 남겼다."라고 한다.

이렇게 전체적으로 사용되는 물의 양은 실로 어마어마하다. 약 70퍼센트는 농업으로 소비되며 20퍼센트가 공업으로, 나머지 10퍼센트는 도시 생활에서 사용된다. 그래도 그 정도의 물쯤이야 주변에 충분히 있지 않겠나하며 이를 대수롭지 않게 여길지도 모른다. 하천, 강, 호수 그리고 바다 등 주변에는 많은 물이 보이니까 말이다. 그러나 문제는 우리가 직접적으로 사용하는 20통의 물은 물론이거니와 그 모든 가상수는 모두 반드시 '깨끗한' 물이어야만 한다는 것이다.

지구가 안고 있는 물의 양은 실로 엄청난 양이지만 정작 대부분이 곧바로 사용할 수 있는 깨끗한 물이 아니라는 사실을 대부분 잊고 지낸다. 약 97퍼센트의 물이 바다의 짠물이고 2퍼센트의 물이 극지방과 빙하 시스템의 얼음이며 나머지 1퍼센트만이 깨끗한 물인데, 그중 대부분은 너무 깊은 곳에 있어서 사용할 수가 없다. 그러다 보니 그 많은 지구의 물 중에 우리가 사용할 수 있는 깨끗한 물은 0.01퍼센트

밖에 되지 않는다. 지구 전체의 물을 20리터 생수통에 넣었다고 가정했을 때, 그중에서 우리가 사용할 수 있는 물은 정작 한 숟가락 정도밖에 되지 않는 것이다. 더구나, 우리나라는 연중 가용한 물의 양으로 보았을 때 아시아의 유일한 물 부족 국가로서 대표적인 "가상수 수입국(virtual water importer)"이다.

깨끗한 물을 소중한 자원으로 여겨야 하는 것은 바로 이 때문이다. 우리 주변에 물은 많지만 정작 '깨끗한 물'은 그리 많지 않다. 그나마 그 조금밖에 안 되는 깨끗한 물조차 수질 오염으로 인해 그 양이 크게 줄어들고 있다는 사실은 우리가 소중한 자원을 얼마나 하찮게 여기고 있는지를 여실히 보여 주고 있다.

10 수용액의 힘

　우리는 주변에 온통 물에 둘러싸여 지낸다 해도 과언이 아니다. 하지만 대부분의 물이 순수한 100퍼센트의 물이기보다는 무엇인가가 섞여 있는 수용액(aqueous solution)이다. 소금이나 설탕 같은 고체가 녹아 있기도 하고 알코올과 같은 액체가 섞이기도 하며 심지어 산소나 이산화탄소 같은 기체도 녹아 있다. 농도 3퍼센트의 염 용액인 바닷물은 물론이고 강과 호수의 물도 엄밀하게는 수용액이다. 우리가 음식으로 먹게 되는 물도 마찬가지다. 아침상 위의 된장국, 동치미 국물, 간장, 숭늉에서 시작해서 자판기에서 뽑아 먹는 커피, 주스, 각종 탄산 음료, 간식으로 먹은 우동 국물까지 우리가 먹는 음식의 대부분은 순수한 물이라기보다는 각종 재료에서 녹아 나온 성분과 맛을 내는 감미료 등이 녹아 있는 수용액이다.

　순수한 물에 소금이나 설탕 같은 고체 물질을 녹여 수용액을 만들면 원래 물이 가지고 있던 성질이 모두 변한다. 이러한 수용액의 성질은 증기압 내림, 어는점 내림, 끓는점 오름, 삼투압의 네 가지 현상으로 설명되는데 이를 '수용액의 총괄성'이라 한다. 순수한 물보다는 수용액을 더 많이 접하게 되는 우리로서는 물이 수용액이 되면 어떤 성질이 어떻게 변하는지 알아 두면 많은 도움이 된다. 또한 순수한 물이건 수용액이건 항상 공기와 접하고 있기 때문에 공기 중의 기체성분이 물속에도 녹아 있게 마련인데, 녹는 양에 대해서도 알아 두면 편리하다.

가마솥으로 지은 밥이 맛있는 이유

컵에 담긴 물이 며칠 지나면 증발해 없어진 것을 본다. 우리 눈에는 보이지 않지만 물 표면으로부터 물 분자들이 공기 중으로 달아났기 때문에 생기는 현상이다. 컵 위에 플라스틱 랩을 잘 씌워 놓으면 물의 표면에서 튀어나온 물 분자들이 공기 중으로 달아나지 못하고 다시 물속으로 들어가면서 물의 양은 줄지 않는다. 이때 튀어나온 물 분자들은 랩을 두드리며 압력을 형성하는데 이러한 압력을 물의 증

높은 산의 절에 가면 밥 짓는 솥에 올린 뚜껑이 원래의 무쇠 뚜껑이 아닌 두껍고 무거운 나무 뚜껑인 것을 보게 된다. 이는 습기를 머금은 무거운 나무 뚜껑으로 밀폐 효과를 높여 솥 안의 압력을 최대한 높이기 위한 것이다. 우리 조상은 압력 밥솥을 옛날부터 사용해 왔던 것이다. 옛날 절밥이 유난히 맛있었던 이유도 바로 여기에 있다.

기압이라고 한다. 이번에는 랩이 씌워진 컵을 뜨거운 물속에 반쯤 담가 보자. 물이 따뜻해지면서 씌워 놓은 랩이 둥글게 부풀어 오르는 것을 보게 될 것이다. 물의 온도가 올라가면서 증기압이 높아졌기 때문이다. 물을 가열하면 이 증기압은 점점 커지고 마침내 증기압이 외부의 압력과 같아지는 온도에 도달하면 물은 끓기 시작한다. 물의 끓는 온도인 섭씨 100도에서 물의 증기압은 대기압과 같은 1기압이 되는 것이다.

대기압이 1기압보다 높아지면 어떻게 될까? 물이 끓기 위해서는 증기압도 1기압보다 커져야 할 것이다. 그렇게 되려면 더 많은 물 분자가 튀어나와야 하고 이를 위해서는 물을 더 높은 온도로 가열해야 할 것이다. 여기에서 매우 중요한 원리를 깨닫게 된다. 외부 압력이 1기압보다 높을 경우, 물은 100도보다 더 높은 온도에서 끓으며 반대로 외부 압력이 1기압보다 낮을 경우에는 물은 100도보다 더 낮은 온도에서 끓는다는 것이다.

한번쯤 높은 산 위에서 설익은 밥을 해먹은 경험이 있을 것이다. 높은 산에서 쌀이 설익는 것은 고도가 높아짐에 따라 대기압이 낮아지면서 100도보다 훨씬 낮은 온도에서 물이 끓어 버리기 때문이다. 코펠 속의 온도가 올라가지 못하기 때문에 쌀이 익지 않는 것이다.

코펠의 뚜껑 위에 얹은 큰 돌이 바로 높은 산에서 맛있는 밥을 짓는 비결인데 도대체 그 돌이 하는 역할은 무엇일까? 돌은 수증기가 쉽게 빠져나가지 못하도록 뚜껑을 꽉 눌러 코펠 속의 압력을 높인다. 외부 압력이 다시 높아지면서 물의 끓는 온도도 덩달아 높아지는 것이다. 이와 같은 원리를 적용해 만든 것이 바로 압력 밥솥이다. 증기가 빠져나가지 못하도록 뚜껑을 꽉 밀폐하면, 압력이 높아지면서 물의 끓는점이 올라가고 결국 쌀은 100도보다 훨씬 더 높은 온도에서 익는다. 짧은 시간 내에 고루고루 익고 익히기 힘든 현미 등도 쉽게 익히는 비결이 바로 여기에 있다.

무거운 무쇠 뚜껑이나 들기도 힘든 두꺼운 나무 뚜껑을 닫은 무쇠솥에서 지은 산위의 절밥이나 시골의 고향 밥이 유난히 맛있는 것도 바로 압력 밥솥과 같은 원리로 밥을 하기 때문이다. 우리 조상들은 압력이 높아지면 끓는점이 올라간다는 원리를 이미 경험을 통해 잘 알고 있었던 것이다.

겨울잠 자는 개구리가 얼어죽지 않는 비밀

물에 소금이나 설탕과 같은 다른 물질을 녹인 것을 수용액이라고 한다. 주스, 커피, 국, 찌개, 간장, 식초 등 우리가 일상적으로 먹는 음식의 대부분이 수용액이다. 수용액이 되면 원래 가지고 있던 물의 물리적 성질이 바뀌는데, 대표적인 네 가지가 증기압, 끓는점, 어는점, 삼투압이다. 물이 수용액이 되면 증기압과 어는점은 내려가고 끓는점과 삼투압은 올라가는데, 녹아 있는 물질이 무엇인지에 상관없이 변하는 폭이 농도에만 비례하기 때문에 이를 수용액의 '총괄성'이라 한다.

물이 증발한다는 것은 표면에 드러나 있던 물 분자가 공기 중으로 달아나는 현상이다. 설탕과 같은 비휘발성인 물질을 물에 녹이면 표면에 드러나 있던 물 분자의 개수가 줄어들고 자연히 달아나는 물 분자의 양도 적어진다. 설탕물이 되면서 물의 증기압이 낮아진 것이다. 녹인 설탕의 양이 많으면 많을수록 증기압은 더 낮아지고 결과적으로 증발 속도는 더욱 느려진다. 건조한 겨울날, 상 위에 같은 양의 맹물과 진한 설탕물을 각각 한 컵씩 놓아 두었다가 며칠 후 높이 차이를 비교해 보라. 설탕물은 별로 줄지 않았지만 맹물은 빨리 날아가 버리면서 양이 크게 줄어든 것을 보게 될 것이다. 설탕물의 증기압이 낮아졌기 때문에 관찰되는 현상이다.

이렇게 낮아진 증기압 때문에 설탕물의 증기압이 외부 압력인 1기압에 도달하려면 순수한 물보다 더욱 많은 열을 가해 주어야 한다. 결국 수용액의 끓는점은 순수한 물보다 높아진다. 또한 온도를 낮추면 얼음의 결정이 만들어져야 하는데 녹여 놓은 설탕 분자들이 얼음 결정의 생성을 방해하기 때문에 순수한 물에 비해 훨씬 낮은 온도로 냉각해 주어야만 비로소 얼음 결정이 만들어진다. 따라서 물에 설탕을 녹여 놓으면 끓는점은 올라가고 반대로 어는점은 내려간다. 다시 말해 물에 무엇인가를 녹이면 끓이거나 얼리기가 어려워지며 녹이는 양이 많아질수록 더욱 더 어려워진다는 것을 의미한다.

자동차의 부동액은 바로 이러한 원리를 이용해 엔진 블록에 채울 냉각수에 '에틸렌글라이콜'이라는 물질을 녹여 끓는점은 높이고 어는점은 낮추어 놓은 수용액이다. 자동차가 달릴 때 냉각수가 뜨거워지더라도 끓어오르지 않게 하고 추운 겨울날 자동차를 그냥 세워놓더라도 냉각수가 얼어 터지지 않도록 한 것이다.

자연의 동식물들도 이 총괄성의 원리를 십분 활용하고 있다. 가을이 되어 찬바람이 불기 시작하면 나무들은 광합성 반응으로 만들어진 탄수화물을 이용해 몸속 수액에 녹아 있는 당의 농도를 서서히 높이기 시작한다. 이즈음에 단풍나무에서 수액을 뽑아 수분을 증발시키면 마치 꿀과 같은 단맛의 메이플시럽이 만들어진다. 겨울의 문턱에 들어서면 뿌리에서 물을 빨아들이던 기능마저 멈춰 당의 농도를 더욱 높여 놓게 되는데, 조경업자들은 흔히 이를 "물 내린다."라고 표현한다. 매서운 겨울이 되더라도 얼어 터지지 않도록 당의 농도를 최대한 높여 몸속에 남겨 놓은 물을 부동액으로 바꾸어 놓는 것이다. 두꺼비와 개구리들도 겨울이 오면 자신의 체액에 녹아 있는 특정한 단백질의 농도를 높여 몸속의 물을 부동액 상태로 바꾸어 놓고 동면에 들어간다. 잠자는 상태에서 혹독한 추위가 닥치더라도 얼어 터져 죽는 일이 없도록 이를 미연에 방지하는 것이다.

이와 같이 자연의 동식물들이 수용액의 총괄성을 이용해 겨울을 무사히 넘기는 기발한 방법을 터득하고 있다는 사실은 매우 놀라운 일이다. 수용액의 성질에 대해 강의실에서 배우고 설명을 들어야만 그나마 어렵게 이해하는 우리로서는 그저 감탄스러울 뿐이다.

동식물도 수용액의 총괄성을 활용할 줄 안다. 겨울잠을 자는 동물이나 다년생 나무들은 날씨가 쌀쌀해지기 시작하면 체액에 녹아 있는 단백질과 당의 농도를 최대한 높여 놓는다. 영하의 온도로 떨어지는 엄동설한에도 부동액으로 변한 체액은 얼지 않은 채 액체 상태 그대로 남아 얼음으로 살이 터져 나가는 것을 미연에 방지한다. 자동차 냉각수에 에틸렌글라이콜을 섞어 부동액으로 만드는 것과 마찬가지 원리다.

한강에 얼음이 얼면

"물은 섭씨 100도에서 끓고 섭씨 0도에서 언다." 이렇게 말할 때, 우리는 매우 중요한 두 가지 전제 조건을 마음속에 두고 있다. 그중 하나는 '대기압이 정확하게 1기압일 때'라는 조건이며 다른 한 가지는 '순수한 물의 경우에'라는 조건이다. 앞의 두 조건이 만족되지 않는 경우에는 물이 끓는 온도와 어는 온도는 바뀌게 된다.

순수한 물이 아닌 경우에 물이 끓는 온도와 어는 온도가 어떻게 달라지는지 알아보기 위해 라면을 한번 끓여 보도록 하자. 면을 아직 넣지 않은 채 분말 스프만 풀어 놓은 물의 끓는 온도를 측정해 보니 섭씨 101도가 나온다. 같은 양의 물에 이번에는 분말 스프 두 봉지를 녹인 후 끓여 보니 섭씨 102도에서 끓는다. 이번에는 용기 주변을 드라이아이스로 채워서 얼리니 섭씨 영하 3도에서 언다. 분말 스프 두 봉지를 녹인 경우에는 놀랍게도 섭씨 영하 6도까지 내려가야 얼기 시작한다. 이러한 간단한 실험을 통해 우리는 매우 중요한 몇 가지 사실을 알 수 있다. 물에 불순물이 섞이면 물의 끓는 온도가 올라가고 반대로 어는 온도는 떨어진다. 또한 어는 온도가 훨씬 큰 폭으로 변한다. 그리고 그 변하는 정도는 섞인 불순물의 양에 비례한다는 것도 알 수 있다.

조선 시대에는 큰 돌로 쌓아 만든 무덤같이 생긴 커다란 얼음 저장고가 몇 군데 있어서 겨울 동안에 한강의 두꺼운 얼음을 잘라 보관해 놓았다가 여름 삼복이 되면 왕이 공무원들에게 얼음을 하사하는 깜짝쇼를 벌이곤 했다. 지금의 서빙고와 동빙고는 당시 왕실에서 경영하던 얼음 저장고가 있었던 동네 이름이다. 오래된 흑백 기록 영화나 사진에서는 1950년대 꽁꽁 얼어붙은 한강의 얼음 위를 사람들이 건너는 모습을 볼 수 있다. 냉장고가 없던 시절에는 꽁꽁 얼은 한강의 두꺼운 얼음을 큰 톱으로 잘라서 창고에 잘 보관했다가 이듬해 여름에 "어름"을 길거리 가게에서 덩어리째 팔기도 했다.

이같이 지난 역사를 통해 한강의 겨울 풍경은 계속 바뀌어 왔지만 최근 들어 관찰되는 가장 큰 변화는 한 겨울이 되어도 과거와 같이 강 전체가 꽁꽁 두껍게 얼어붙은 모습은 더 이상 보기 어렵다는 것이다. 도대체 요즈음은 왜 그런 모습을 보지 못하는 것일까? 지구 온난화로 기온이 상승해서일까? 물론 기온이 상승하기도 했지만 더 근본적인 이유는 바로 물이 더러워졌기 때문이다. 수질 오염으로 인해, 강물에 불순물이 많이 섞이게 되면서 마치 분말 스프를 풀어 놓은 물에서 관찰했던 것처럼 강물의 어는 온도가 큰 폭으로 낮아졌기 때문이다. 물론 한강의 얼음을 식용으로 먹는다는 것은 이제 생각할 수도 없는 일이다.

물고기 폐사의 근본 원인

우리가 숨 쉬는 공기는 부피비로 78퍼센트가 질소(N_2), 21퍼센트가 산소(O_2)로 이루어져 있다. 계산해 보면, 상온에서 1리터의 공기에 약 270밀리그램의 산소가 섞여 있는 것에 해당한다. 이러한 공기 중의 산소는 물속으로도 녹아 들어가는데, 상온에서 1리터의 물속에 최대 약 9밀리그램의 산소가 녹아 들어간다. 물고기는 우리가 호흡하는 것의 30분의 1 정도의 산소만으로도 호흡을 하며 살아가고 있는 것이다.

물속에 녹아 있는 기체의 양은 물의 온도에 따라 크게 달라지는데, 수온이 높을수록 녹아 들어가는 기체의 양은 줄어든다. 끓인 물을 '죽은 물'이라고 하는 것도 물을 끓이면 온도가 높아져 녹아 있던 산소가 다 달아나 버리기 때문이다. 콜라를 미지근하게 그대로 두면 김이 다 빠지는 것도 바로 이 때문이다. 낚시를 오래 해 본 강태공들은 나무 그늘이 짙게 드리워진 큰 바위들 사이의 후미진 목을 찾아 낚싯줄을 드리운다. 물고기들이 모여드는 그곳에는 물이 차가워서 물속에 풍부한 산소가 녹아 있기 때문이다.

물고기의 입장에서 보면 '뜨거운 물'은 아무리 깨끗하더라도 공해 물질이나 마찬가지다. 외부에서 강이나 바다로 뜨거운 물이 유입되면, 수온이 올라가면서 녹아 있던 산소의 양이 줄어들기 때문이다. 그래서 냉각수로 사용된 뜨거워진 물을 밖으로 배출하는 발전소나

물이 조금 더러운 것쯤이야 참을 수 있지만 물속 산소가 없어지는 것은 물고기에게는 견디기 힘든 시련이다. 물의 온도가 올라가면 녹아 있던 산소가 빠져나가므로 하천 주변을 콘크리트와 축석으로 깔끔하게 정비하면 여름철 수온을 잔뜩 올려놓아 수중 생물에게는 사형 선고를 내린 것이나 마찬가지다. 수온 상승을 수질 오염과 마찬가지로 간주해야 하는 이유다.

공장 주변의 강과 바다에는 수중 생물들이 살지 못한다. 물속에 호흡할 산소가 없기 때문이다. 하천 주변으로 습지를 다 없애 버리고 축대돌과 콘크리트를 사용해 깔끔하게 정리하는 것도 물고기에게는 치명적이다. 한여름 땡볕에 데워진 물속에서 모든 수중 생물들은 산소 부족으로 질식사한다.

물고기로 보아서는 수온이 올라가는 것과 마찬가지로 산소를 가로채는 다른 경쟁자가 나타나는 것도 문제다. 그중에서도 조류(algae)라는 작은 식물성 플랑크톤들이 특히 문제가 된다. 이들은 낮에는 광합성에 의해 유기물을 만들고 밤이면 이 유기물을 다시 분해해 에너지를 얻는데, 이 과정에서 물속에 녹아 있던 주변의 산소를 가로채 쓴다. 조류의 양이 적을 때에는 그리 큰 문제가 되지 않지만 이들의 양이 많아지면 물속의 산소는 이내 동이 나 버리고 만다.

조류가 증식하는 데에는 적당한 온도와 양분이 필요하다. 농촌에서 과량으로 사용된 비료, 가축의 분뇨, 질소와 인 성분이 잔뜩 들어 있는 생활 하수 따위가 더운 여름의 강이나 바다로 유입되면 조류에게는 더할 나위 없이 좋은 여건이 조성된다. 강에서는 녹조류가, 바다에서는 적조류가 물속의 산소를 게걸스럽게 먹어 버리며 증식을 거듭하면 물의 색깔부터 바뀌게 된다. 일단 색깔이 나타날 정도로 조류의 양이 늘어나면, 물속에 녹아 있던 산소는 고갈된 것이나 다름없다. 더운 여름이 오면 물고기는 이래저래 진퇴양난의 운명 속에서 서서히 질식해 죽어 가는 것이다.

잠수병

물에 얼마나 많이 녹는지를 나타내는 척도를 '용해도'라 한다. 소금이나 설탕은 물에 대해 큰 용해도를 갖는 대표적인 고체 물질이다. 이들 고체처럼 기체도 물속에 상당량 녹아 들어가는데, 물이 차가울수록 그리고 물 주변에 있는 기체의 양(압력)이 많을수록 더 잘 녹게 된다.

기체가 물에 녹아 들어가는 것은 마치 광장을 꽉 메우고 있는 인파를(물 분자들을) 비집고 안으로 들어가는 것과 같다. 이리저리 정신없이 오가는 인파를 헤치고 들어가는 것보다는 도열해 있는 군인들처럼 모두 꼼짝 않고 서 있는 인파를 뚫고 들어가는 것이 훨씬 쉬울 것이다. 또한 광장의 인파를 뚫고 속으로 들어가려고 시도하는 사람들이(기체 분자들이) 많으면 많을수록 실제로 안으로 들어가는 데 성공하는 사람들도 늘어나게 될 것이다. 물의 온도가 낮고 기체의 압력이 높을수록 기체가 물에 더 잘 녹아 들어가는 것은 바로 이러한 원리 때문이다.

콜라나 사이다는 감미료로 맛을 낸 물속에 이산화탄소 기체를 녹여서 만드는 음료수다. 이산화탄소는 탄산 이온이 되어 물속에 녹기 때문에 '탄산 음료'라 부르기도 한다. 설탕물에 드라이아이스 한 덩어리를 넣어 놓으면 드라이아이스가 녹으며 발생한 이산화탄소가 설탕물에 녹아 들어가면서 영락없는 사이다 맛이 나는 것도 바로 이 때문이다. 탄산 음료를 마실 때의 청량감은 음료가 입속을 지나 목구멍을 넘어갈 때 체온에 의해 데워지면서 그 속에 녹아 있던 이산화탄소가 밖으로 빠져나오는 느낌이다. 이 느낌을 최대한 크게 하려면 마시기 전에 가능한 많은 양의 이산화탄소를 녹여 놓아야 하는데, 그렇게 하려면 이산화탄소의 압력을 높이고 음료의 온도는 낮추어야 한다. 바로 이 때문에 탄산 음료를 이산화탄소로 가압된 병 속에 넣어 낮은 온도의 냉장 상태로 보관하는 것이다.

탄산 음료의 병마개를 따면 병 속의 압력이 낮아지면서 용해도가 낮아진 이산화탄소가 물속으로부터 거품으로 빠져나오는 것을 보게 된다. 미지근한 탄산 음료의 마개를 따면 그러지 않아도 높은 온도로 인해 이미 용해도가 낮아져 있던 차에 이제는 압력까지 낮아지면서 녹아 있던 이산화탄소가 일순간에 밖으로 뿜어져 나온다. 따라서 미지근한 탄산 음료나 맥주의 뚜껑을 딸 때에는 천천히 조심스럽게 열어야 봉변을 당하지 않는다.

마개를 딸 때 녹아 있던 기체가 밖으로 빠져나오는 이 같은 현상은 우리의 몸속에서도 일어날 수 있다. 잠수부들이 깊은 물속으로 들어가면 수심 10미터를 내려갈 때마다 1기압씩 압력이 높아진다. 압력이 높아지면 공기의 용해도가 커져서 깊은 물속에서 작업을 하는 잠수부의 혈액과 체액 속에는 평소보다 더 많은 공기가 녹아 들어간다.

문제는 작업을 마치고 물 위로 올라올 때 압력이 낮아지면서 혈액과 체액 속에 녹아 있던 공기가 밖으로 빠져나오기 시작한다는 사실이다. 조금씩 천천히 빠져나온 공기는 날숨을 통해 몸 밖으로 저절로 나오게 되지만 한꺼번에 갑자기 빠져나오게 되면 큰 문제가 생긴다. 갑자기 빠져나오면서 폐를 찾지 못한 공기는 몸속의 빈 공간을 찾아 헤매다가 뼈의 관절 사이로 비집고 들어가 엄청난 고통을 야기하고 결국은 죽음에 이르는 원인이 된다.

이를 "잠수병"이라고 하는데, 이를 방지하려면 물 위로 올라올 때

잠수부가 깊은 바닷속 비경에 정신이 팔려 공기통이 거의 비면 죽음에 이를 수밖에 없는
진퇴양난의 상황에 직면한다. 너무 급하게 수면으로 올라가면 잠수병으로 죽고 천천히 올라가게
되면 숨 쉴 공기가 떨어져 질식사한다. 잠수부에게 있어 정확한 시간 계산은 생명과 직결되기
때문에 돌아가는 다이얼이 부착된 특수한 손목 시계를 필요로 한다.

느린 속도로 아주 천천히 올라와야 한다. 기체가 갑자기 넘쳐 나오는 것을 방지하려면 탄산 음료의 마개를 조금씩 열어야 하는 것과 같은 원리다. 이렇게 서서히 올라가는 데 걸리는 시간까지 고려해 공기통 속에는 충분한 공기가 남아 있어야 하기 때문에 잠수부에게 있어 정확한 시간 계산은 생명이나 마찬가지다. 잠수부들이 커다란 숫자가 박힌 돌아가는 다이얼 원판이 부착된 특수한 시계를 차는 이유는 바로 이 때문이다.

니오스 호수의 대참사

아프리카 카메룬은 우리에게는 축구를 잘 하는 나라로 더 잘 알려졌다. 카메룬은 적도 인근에 위치하고 있어서 비가 많이 오는데다가 과거의 화산 활동으로 형성된 호수들이 산재하고 있어서 비교적 물이 풍부한 나라다.

카메룬의 많은 호수들 중에 지름 1.8킬로미터, 깊이 200미터에 달하는 니오스 호수가 있는데 물이 풍부하다 보니 주변의 완만한 경사면을 따라 목축업을 하는 주민들이 운집해서 마을을 이루고 있다. 지난 1986년 8월 이 지역에 불가사의한 대참사가 빚어졌다. 밤사이에 인근 25킬로미터 안에 살던 주민 1700명과 가축 3500두 전부 죽은 채 발견되었던 것이다. 피를 흘리지도 않았고 저항한 흔적도 없었다. 마치 거대한 비행접시가 덮치고 지나간 듯 인근의 나무들은 언덕 아래를 향해 꺾여 있었고 가옥 지붕들은 모두 날아가 흩어져 있었다. 전 세계에서 수많은 취재진과 과학자들이 몰려들어 원인 규명에 앞을 다투었고 한때 외계인의 침략이라는 황당한 사건으로 오인되기

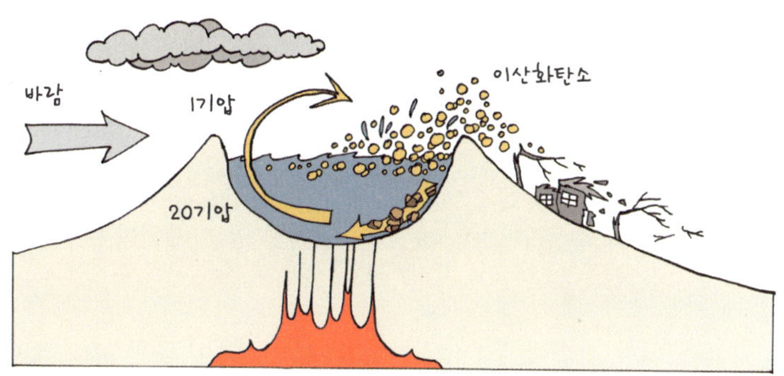

수심 200미터에서의 압력은 약 20기압에 이르고 온도 또한 섭씨 4도 근처의 매우 차가운 상태가 된다. 압력이 높고 온도가 낮아 물속에 가능한 많은 양의 기체가 녹아 들어갈 수 있는 최적의 상태가 되는 것이다. 여기에 이산화탄소가 녹아 들어가면 말 그대로 설탕만 녹이면 사이다나 다름없는 천연 탄산수가 된다.

도 했다. 하지만 얼마가지 않아 그날 밤 어떤 일이 일어났던 것인지에 대한 원인이 밝혀진다.

니오스 호수는 지금은 잠잠하지만 먼 과거 한때 활발한 지각 활동이 있었던 지역에 위치하고 있다. 아직도 호수 밑 지각 속에는 맨틀에서 올라온 한 덩어리의 마그마가 가까이에 와 있는데, 이 마그마에서 발생한 이산화탄소 기체가 바위의 갈라진 틈을 타고 호수까지 올라와 물속에 탄산의 형태로 오랫동안 계속 녹아들고 있었던 것으로 밝혀졌다.

기체가 물에 녹는 양은 압력이 높고 온도가 낮을수록 많아진다. 수심 10미터를 내려갈 때마다 1기압씩 압력이 증가하므로, 니오스 호수의 수심 200미터 바닥에서 느끼는 압력은 대략 20기압의 높은 압력에 해당한다. 호수 표면 근처의 물은 적도의 뜨거운 태양빛을 받아 따뜻하고 가볍지만 깊은 수심으로 내려가면서 점점 차가워지고 무거워진다. 전체적인 수온 분포가 매우 안정해진 호수 물은 움직이지 않고 가만히 머물러 있다. 결국 정체된 호수의 아래쪽 물은 압력이 높고 온도가 낮아 많은 양의 기체가 녹아 들어가기에 아주 좋은 조건이 된다. 마그마에서 생성된 이산화탄소 기체는 바위틈으로 타고 올라오는 족족 모두 호수의 아래쪽 물속에 녹아 들어가 탄산 이온이 된다. 말 그대로 호수 밑에서는 어마어마한 양의 사이다가 만들어지고 있었던 것이다.

사고가 나기 며칠 전부터 인근에는 계속 구름이 해를 가렸고 한 방향으로 지속적인 바람이 불었다고 한다. 호수 안의 경사면에서는 작은 사태도 일어났다고 한다. 따뜻했던 호수 표면의 물이 차가워지면서 안정했던 수온 분포가 불안정해졌고 바람과 사태의 영향으로 그동안 정체되어 있던 호수 물은 위아래를 바꾸면서 갑자기 뒤집혀 버린다. 신이 땅속에 묻혀 있던 거대한 사이다 병의 마개를 한번에 "뻑" 따는 상황이 벌어진 것이다.

아래쪽에서 20기압이라는 높은 압력에 눌려 있던 탄산수는 일순간 1기압의 표면으로 뒤집혀 올라오면서 녹아 있던 이산화탄소를 공기 중으로 뱉어 놓는다. 이때 솟구쳐 올라온 거품 기둥이 100여 미터나 되고 방출된 이산화탄소의 무게가 160만 톤이라고 하니 가히 상상을 초월하는 엄청난 양의 이산화탄소를 쏟아 놓게 된 것이다. 공기보다 1.5배나 무거운 이산화탄소는 땅바닥에 깔린 채 호수 주변의 경사면을 따라 밀려 내려가면서 나무며 집이며 닥치는 대로 부러뜨리고 날려 버렸다. 이산화탄소의 돌풍이 쓸고 내려간 곳에 살던 모든 가축과 사람들은 잠든 상태 그대로 질식사했던 것이다. 이후 과학자들의 후속 조사에 따르면 아프리카에는 이런 위험을 안고 있는 호수가 여러 개 더 있다고 하니 신이 제발 심한 갈증을 느끼지 않기만을 바랄 뿐이다.

11 지금은 더러운 물만 고이고

"깊은 산 오솔길 옆 자그마한 연못엔 지금은 더러운 물만 고이고 아무것도 살지 않지만 먼 옛날 이 연못엔 예쁜 붕어 두 마리 살고 있었다고 전해지지요. 깊은 산 작은 연못……" 김민기가 1970년대 어지러운 현실을 담담하게 부른 「작은 연못」 가사 앞부분이다.

두 마리의 예쁜 붕어가 자기가 살고 있는 연못에 대해 과연 얼마나 걱정을 해 보았을까. 연못이 깨끗해야만 자신들도 건강하게 잘 살아갈 수 있다는 사실에 대해 아마도 생각조차 해 보지 않은 것은 아닐까? 어쩌면 생각은 해 보았어도 그리 대수롭지 않게 여겼을지도 모를 일이다. 지금 당장 헤엄쳐 다니고 먹이를 찾으며 동료 붕어와 사랑도 하고 다투기도 하는 사소한 일상사들이 어쩌면 이들이 걱정했던 모든 것이었으리라. 그리고 깨닫지 못하는 사이에 연못은 더 이상 돌이킬 수 없을 정도로 더러워졌을 것이다.

다른 연못으로 이사라도 갈 수 있었으면 좋았을 텐데 아마도 깊은 산 속에는 자그마한 연못이 하나밖에 없었나 보다. 어찌되었건 지금은 더러운 물만 고여 있고 아무것도 살 수 없게 되었단다.

그럼 우리는 자기들이 살고 있는 지구에 대해 과연 얼마나 걱정을 하는 걸까? 자신이 살고 있는 지구에 대해 알기나 하는 걸까? 그냥 아무 생각 없이 예쁜 두 마리의 붕어처럼 즐겁게 일상을 살아가고 있는 것은 아닐까? 먼 훗날 누군가 부를 노래를 떠올려 본다. "깊은 곳 태양계 속 자그마한 지구엔 지금은 더러운 물만 고이고 아무것도 살 수 없지만……"

바닷속에서도 생태계의 파괴가 급속도로 진행되는데 심한 경우 죽은 해역으로 변하기도 한다. 대표적인 지표는 백화 현상으로 하얀 가루를 뒤집어 쓴 채 죽어 버린 산호초, 껍질만 나뒹구는 조개, 개체 수가 급증한 불가사리와 해파리 들이다. 육지로 치면 숲이 다 없어지고 표토가 사라져 사막으로 변하는 것과 같은 현상이다.

죽은 해역

인간의 유전자 서열을 밝힌 것으로 잘 알려진 크레이그 벤터 박사는 요트를 타고 해양을 누비며 물속을 통과시킨 미세한 필터에 걸러진 수중 부유물을 채취해 유전자 분석을 실시했다. 우리에게 아직 알려지지 않은 수많은 새로운 개체의 미생물이 물속에 존재한다는 놀라운 사실을 발견한다. 다만 눈에 보이지 않을 뿐이지 바닷속에는 엄청나게 많은 미생물이 살고 있었던 것이다. 특히 미생물이 높은 밀도로 운집해 살고 있는 곳이 바로 습지다. 육안에 보이지 않기 때문에 이들이 그곳에 살고 있는지 금세 알아채기는 힘들지만 먹이 사슬의 상층부에 있는 지렁이, 낙지, 게, 고동, 조개 등의 다른 동물들이 얼마나 풍부하고 건강한지를 보면 간접적으로 이를 판단할 수 있다.

습지 속에 높은 밀도로 모여 살고 있는 미생물이 하는 가장 중요한 일은 물속에서 걸러진 유기물을 먹어치우는 청소부의 역할을 담당하는 것이다. 그런데 미생물도 사람과 마찬가지여서 굶어서 죽기도 하지만 거꾸로 너무 많이 먹어도 배탈이 나 죽는다. 마을 옆 작은 개울가의 습지를 망가뜨리면 동네에서 무심코 버려진 유기물은 걸러지지 않은 채 그대로 하천으로 흘러간다. 그러면 그 뒤에 있는 하천 습지와 해안 습지에는 먹을 것이 너무나 많은 상태가 되어 미생물이 모두 병들게 된다. 습지의 필터는 그대로인데, 더러운 것들을 계속 먹어치워야 할 청소부들이 모두 배탈이 나 죽어 버리는 것이다.

먹으면 안 될 것을 잘못 먹어도 습지의 미생물은 죽게 된다. 논에서 내려온 농약, 무심코 버린 폐수, 사고가 난 배에서 흘린 기름, 정화 장치를 거치지 않고 그대로 내려오는 각종 화학 약품 등이 대표적 예다. 이렇게 미생물이 죽어 버리면, 습지는 더 이상 정화 장치로서의 역할을 못한다. 지구의 중요한 기관 하나가 고장 나는 것이다.

그렇게 습지가 하나 둘 망가지게 되면 결국 육지에서 버려진 모든 유기물은 걸러지지 않은 채 바다로 직접 들어가 이번에는 바다 생태계를 무너뜨리기 시작한다. 바다 생태계의 붕괴는 걸러지지 않은 유기물들이 그대로 유입되는 강의 하구 주변에서부터 시작되면서 '죽은 해역(dead zone)'을 형성한다. 해초들로 빽빽했던 바닷속 숲은 다 망가지고, 느려서 멀리 도망가지 못하는 어패류는 모두 죽은 채 조개껍질만 잔뜩 남겨 놓는다. 먹을 것이 없어진 물고기는 다른 곳으로 가 버리고 빈자리에는 쓰레기를 마다 않는 불가사리와 해파리만 가득하다. 울긋불긋한 색깔로 아름다운 자태를 뽐내던 산호들은 하얀 석회 가루를 뒤집어쓴 채 마치 하얀빛 대리석 동상처럼 돌이 되어 죽어 간다.

무심코 한 행동들이 일련의 복잡한 연결 고리를 따라 습지를 망가뜨리고 결국 바닷속 생태계를 무너뜨리는 것이 특히나 무서운 이유는 그러한 심각한 결과가 물속에서 빚어지다 보니 사람들의 눈에는 전혀 보이지 않는다는 사실이다. 많은 사람들이 여름철 물놀이로 하천과 바다를 찾지만 정작 헤엄을 치고 보트를 타는 발밑에서 어떤 엄청난 일들이 진행되고 있는지를 전혀 눈치 채지 못한 채 마냥 즐겁게 웃고 떠들다가 떠나는 것이다.

산소 부족과 영양 과다

비료의 3대 주요 영양소로 포타슘(K), 질소(N), 인(P)을 든다. 이 세가지 원소는 생명체가 살아가고 증식하는 데 가장 많이 필요로 하는 성분이다. 다른 성분이 아무리 많아도 이 중 어느 하나라도 모자라면, 그 모자라는 성분이 '한계 영양소'가 되어 생명체의 성장과 증식은 크게 억제된다. 농사꾼들이 작물을 잘 키우려고 비료를 뿌리는 것도 다 이 때문이다.

우리는 흔히 땅 위에서만 식물을 보게 되지만 물속에도 굉장히 많은 식물이 자란다. 특히 햇빛이 투과되는 바다의 채광수역에는 광합성으로 살아가는 수많은 종류의 식물성 플랑크톤들이 살고 있다. 이들 조류에도 여러 종류가 있는데 민물에는 주로 녹조류가 바닷물에는 적조류가 산다. 조류도 땅위의 작물과 마찬가지로 포타슘, 질소, 인을 가장 필요로 한다. 바닷물에는 이미 많은 포타슘이 녹아 있지만 질소와 인, 그중에서도 특히 인이 매우 적게 존재한다. 이 부족한 한계 영양소 때문에 강이나 바다에 사는 조류의 개체 수는 항상 일정한 수준 이하로 억제되고 있다. 하지만 언제라도 물속에 녹아 있는 질소와 인의 양이 많아지면 조류는 기다렸다는 듯이 개체 수를 늘리며 증식을 시작한다.

육지에서 강과 바다로 흘러들어가는 물질 중에 특히 높은 농도의 질소와 인을 함유하고 있는 것으로 비료와 축산 분뇨를 들 수 있다. 논과 밭에 뿌린 비료는 극히 일부만 작물을 키우는 데 쓰이고 대부분은 물에 녹아 강과 바다로 흘러든다. 제대로 처리하지 않은 채 흘러내려가는 동물의 배설물도 그야말로 질소와 인의 보고다. 그 외에도 생활하수로 버려지는 각 가정의 세탁용과 세척용 세제도 대부분 인산염을 주원료로 하기 때문에 강과 바다에 인을 공급해 주는 주요 원인이 된다. 한계 영양소가 강과 바다로 흘러들면 조류가 증식하게 되는데, 특히 포타슘마저 풍부한 해안의 채광수역에서는 적조류가 폭발적으로 증식을 하면서 물위를 온통 벌겋게 덮어 버린다. 왕성한 광합성 반응으로 유기물을 만들어 내는 적조류는 그 자신이 아주 좋은 영양분이 된다. 적조류를 먹으며 동물성 플랑크톤도 함께 증식하게 되고 주변 해역은 온통 죽은 적조의 시체와 동물성 플랑크톤의 배설물로 유기물 천지로 변한다. 결국 이 유기물 쓰레기를 처리하는 것은 눈에 보이지 않는 소비성 미생물인 세균이다.

남겨진 유기물을 소비하는 과정에서 세균이 물속에 녹아 있던 산소도 게걸스럽게 함께 먹어 버리는데, 적조류가 증식한 인근 해역의

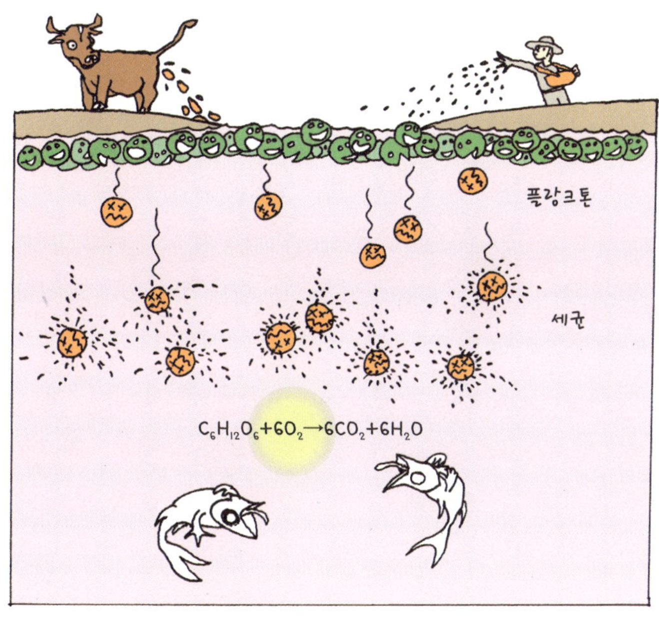

바닷물에는 풍부한 양의 포타슘이 이미 녹아 있지만 상대적으로 질소와 인의 양은 매우 적다. 여기에 축산 분뇨와 과다하게 사용된 비료가 녹아들면 질소와 인의 양이 많아져 3대 영양소가 모두 다 충분히 갖추어지면서 물속에 미생물이 빠른 속도로 증식한다.

물속에는 산소가 모두 고갈된 저산소(hypoxia) 상태가 야기되어 수중 생물이 대량 폐사한다.

육지에서 무심코 흘려보낸 비료의 3대 주요 영양소로 인해 일어나는 이와 같은 일련의 과정을 '많을 부(富)'자를 써서 부영양화(eutrophication)라 한다. 강이나 호수, 바다에서 부영양화가 일어나면 빠르게 움직이는 동물들은 그곳을 벗어나 다른 곳으로 도망치기라도 하지만 미처 벗어나지 못한 느린 동물과 산소를 필요로 하는 모든 생물들은 질식사에 이르고 수중 생태계는 돌이키기 힘들 정도로 망가진다. 결국 자연은 너무 먹을 것이 많아도 균형이 깨지면서 문제가 생기는 것이다.

항생제 오염은 세균을 강하게 한다

죽을 고비를 넘겼거나 한 푼도 남기지 않고 완전히 망해 본 사람들이 인생에서 웬만한 고난이 닥쳐도 눈 하나 까딱하지 않고 이겨냄을 종종 보게 된다. 그래서 "젊어 고생은 사서 한다."라는 옛말도 있다. 한마디로 약했던 사람이 고난을 통해 강한 사람으로 바뀌어 버리는 것이다. 이런 일이 자연계의 다른 모든 생물들에서도 일어나는데, 이는 생명체에게 스스로를 치료하는 강한 자기 치유 능력과 어려움을 겪을수록 더 강해지는 면역 체계가 있음을 방증하고 있다.

눈에 보이지 않는 작은 미생물인 세균도 예외가 아니어서 어찌 보면 우리보다 훨씬 강력한 자기 치유 능력과 적응력을 가지고 있는지도 모른다. 다른 생물에서처럼 작은 세균에게도 죽음을 넘나드는 어려움을 겪을수록 점점 더 강한 세균으로 변하는 일이 일어나는데, 그

것이 바로 평범한 세균이 '슈퍼 세균'으로 바뀌는 이유다.

세균의 생명을 위협하는 요소는 결국 세균을 강하게 만드는 결과를 낳게 된다. 그중의 하나가 바로 염증에 걸리면 복용하는 항생제다. 항생제 공격을 받고도 용케 살아남은 세균은 강력한 자기 치유 능력으로 상처를 회복하는 과정에서 더 강한 세균으로 거듭나게 된다. 그래서 다음에 똑같은 항생제를 접했을 때 이를 거뜬히 이겨내고 다시 살아남는다. 바로 이러한 이유로 의사들은 최소한 열흘 동안의 항생제 투여로 세균 마지막 한 마리까지도 완전히 죽일 것을 명한다. 확인 사살이랄까. 정말이지 냉혹하고 무자비한 전투 수칙이다. 하지만 그것으로 문제가 해결된 것일까? 결코 그렇지 않다. 그것은 오히려 더 큰 문제의 시작일 뿐이기 때문이다.

우리 몸속에 들어온 세균은 전투로 치면 마치 적을 유인해 내기 위해 적진에 뛰어든 미끼와 같다. 이들을 박멸하기 위해 과량으로 투여한 항생제는 우리의 배설물을 통해 결국 자연으로 배출된다. 주변의 토양과 습지에 남아 있던 동료 세균들도 이렇게 폐수를 통해 배출된 항생제에 노출되어 공격을 받는데, 노출 양이 매우 적기 때문에 죽지 않고 금세 회복된다. 그 과정에서 자연에 남아 있던 세균들은 백신을 맞은 것처럼 굳이 사람과의 전투에 참여하지 않고도 항생제에 대한 면역력이 강화되면서 점점 강한 세균으로 변해 간다. 열흘간의 항생제 투여로 우리의 몸속에 들어온 세균은 모두 죽였지만 그 과정에서 우리 몸 밖의 자연에 있던 세균을 더 강하게 만든 셈이다.

더 큰 문제는, 세균과의 전투에서 살아남으면 더 강한 사람이 되어야 할 텐데 그 싸움을 스스로 하지 않고 항생제를 내세웠기 때문에, 정작 전투가 승리로 끝났어도 사람은 더 강하게 거듭나지 못한다는

항생제에 너무 의존하게 되면 면역력이 약해진다. 반면 배설물을 통해 자연으로 흘러나간
항생제는 밖에 있던 나머지 세균에게 전투 경험을 제공하면서 이들의 공격력을 향상시킨다.
인류는 점점 약골이 되어 가는데 세균은 더욱 포악해져 가는 것이다.

것이다. 결국 인간과 세균이라는 2개의 진영을 놓고 보았을 때, 항생
제의 남용으로 인간은 온실 속 화초처럼 나약해져 가는데 세균은 점
점 더 강해지는 결과가 빚어진다.

　이러한 상황은 사실 인간보다 소, 돼지, 닭과 같은 집단 사육을 하
는 가축들에서 더 심각하게 벌어지고 있다. 비위생적인 사육 환경에
서 비롯된 수많은 세균으로부터의 공격을 이겨내기 위해 항생제가 무
분별하게 사용된다. 더구나 가축 몸속에 축적되었던 항생제가 음식을
통해 우리에게도 전해지면서 대부분의 사람들이 자신도 모르는 사이
에 자기 몸속의 세균마저 강하게 단련시키고 있는 것이다.

카드뮴이 몰려온다

정말 경이롭기 그지없는 우리 신체의 생명 현상들은 수많은 종류의 효소(enzyme)들에 의해 통제되며 수행되고 있다. 마치 요소 요소에서 일하고 있는 여러 사람들에 힘입어 한 도시의 질서가 유지되듯, 각기 다른 역할을 담당한 여러 종류의 효소들에 의해 생명 현상은 지금과 같은 균형과 질서를 유지하고 있는 것이다.

효소는 단백질로 이루어져 있는데, 그 속에는 특정 금속 이온을 함유하고 있다. 효소가 제 기능을 하려면 이 금속 이온이 필수적이다. 쉬운 예가 적혈구 속의 헤모글로빈이다. 헤모글로빈은 혈관을 통해 몸의 각 부분에 산소를 공급하고 대신 찌꺼기인 이산화탄소를 수거해 오는 다목적 택배 기사의 역할을 한다. 헤모글로빈 안에는 4개

중국 내륙의 공장 지대에서 발생한 폐수는 황허 강과 양쯔 강을 통해 서해에 버려진다. 여기에 포함되어 있던 온갖 유해 물질들은 결국 우리나라 연근해로 확산되어 수많은 어족 자원을 위협한다. 우리나라에서 흘려보내는 폐수의 양도 만만치 않아서 서해안은 큰 몸살을 앓고 있다.

의 철 이온(Fe^{3+})이 들어 있는데, 바로 이 철 이온이 정확한 택배를 가능케 하는 핵심 부품이다. 마찬가지로, 다른 효소들에도 이와 같이 금속 이온이 들어 있어서 특별한 기능들을 담당한다. 그래서 이러한 금속 이온들을 음식을 통해 섭취해 주어야 하는 것이며 영양제에도 '미네랄'이라고 해 마그네슘(Mg), 구리(Cu), 크롬(Cr), 망간(Mn), 몰리브덴(Mo), 아연(Zn) 등의 금속 성분들이 함유되어 있는 것이다.

그중에서도 아연(Zn)은 인체에 없어서는 안 되는 중요한 금속 성분이다. 음식으로부터 아미노산을 분해해 내도록 작은창자에서의 소화 과정을 돕는 '카르복시펩티다제'라는 효소나, 이산화탄소를 탄산 이온의 형태로 혈액에 녹였다가 폐에서 다시 이산화탄소 기체로 방출하도록 호흡 과정을 돕는 '카르보닉안히드라제'라는 효소에는 모두 아연 이온(Zn^{2+})이 있다. 성인의 몸에는 아연이 약 2그램 있는데, 효소의 성분으로서 생명 활동의 중요한 기능들을 담당하고 있다.

카드뮴(Cd)은 아연과 같은 족에 속해 있어서 여러 면에서 그 성질이 아연과 매우 비슷한 금속이다. 그러다 보니, 카드뮴은 생명체에 의해 쉽사리 아연으로 오인된다. 그래서 카드뮴이 몸속에 들어오면 효소의 아연이 들어갈 자리에 카드뮴이 대신 들어가고 효소는 그 기능을 상실한다. 고혈압, 신장 기능 상실, 적혈구 감소, 성 불구 등의 심각한 건강 장애가 나타나는데, 이것이 바로 카드뮴에 의한 중금속 중독 현상이다.

카드뮴은 산업 폐수, 특히 광산 폐수에 높은 농도로 함유되어 있다. 공장 밀집 지역의 강바닥과 항구나 공단 주위 개펄은 높은 농도의 카드뮴으로 오염되어 있는데, 오염된 물이 조류를 타고 때로는 다른 나라까지 건너가기도 한다. 최근 중국 연안에 대규모 공업 단지들이 들어서면서 높은 농도의 카드뮴이 황해로 흘러들고 있다. 우리나라에서 흘러나가는 카드뮴도 만만치 않아서 서해안에서 생산되는 수산물들이 크게 오염되고 있다. 특히 건조 과정에서 성분이 농축되는 김이나 파래 등에는 많은 경우 환경 기준치를 초과하는 양의 카드뮴이 검출된다. 특히 중국 연안에서 생산된 싸구려 천일염으로 담은 식당가의 김치는 먹기 전에 한번쯤 결과에 대해 생각해 볼 필요가 있다. 그런데 문제는 이들을 피해 갈 방법이 딱히 없다는 것이다. 어쩌면 이런 경우가 바로 "모르는 게 약"이 통하는 상황인지도 모르겠다.

로마 인의 납 중독

납 중독은 인체에 중금속이 축적되면 어떤 결과를 낳게 되는지를 단적으로 보여 준다. 납 성분이 인체에 축적되면 염색체의 변형이 일어나고 뇌 조직의 손상으로 지적 장애와 행동 장애가 생기며 빈혈, 불안, 두통, 발작, 피해 망상, 충동적 행동 등 특징적 증상을 나타낸다. 과거 로마의 황제들이 대부분 이런 증상들을 호소했고 특히 네로 황제의 경우에는 증세가 심각해서 도시를 불태우라는 충동적 명령을 내리기에 이른다. 당시 로마에는 납을 이용해 도시 전체에 수도 배관을 깔 정도로 납을 이용하는 기술이 발달되어 있었는데, 납의 원소 기호인 'Pb'가 라틴 어 'plumbum(배관)'으로부터 왔다는 것만 보아도 납이 얼마나 광범위하게 사용되었는지 짐작할 수 있다.

심지어 로마 인들은 음식에도 납 성분을 뿌려 먹었다. 로마 귀족들은 커다란 납 그릇에 포도주를 끓일 때 녹아나온 납이 포도주의 초산 성분과 반응해 생긴 단맛의 '사파(Sapa)'를 최고급 시럽으로 여겨

거의 모든 음식에 즐겨 넣었다. 사파는 매우 비싸서 평민들은 맛도 보기 힘들었다고 하니 왜 유독 황제들이 심한 납 중독 증세를 보였는지 쉽게 이해가 간다.

아주 최근인 1970년대까지만 해도 차량의 효율을 높이기 위해 휘발유에는 '4-에틸납'이라는 납 화합물이 상당량 첨가되어 사용되었다. 이렇게 첨가된 납 성분은 자동차 배기가스와 함께 공기 중으로 배출되어 결국에는 우리 인체에 흡수되어 축적된다. 휘발유뿐만 아니라 당시의 페인트에도 흰색을 위시해 다양한 색을 내기 위해 납 화합물이 사용되었는데, 집이나 장난감에서 벗겨져 나온 페인트 가루나 조각을 주워 먹은 어린아이들이 저능아가 되는 사고가 빈번했다. 지금은 대부분의 나라에서 휘발유에 납을 넣지 않은 무연휘발유를 사용하고 있으며 페인트에도 이제 더 이상은 납 성분을 사용하지 않는다니 다행이다.

하지만 아직도 우리 주변에는 납 중독의 위험이 여전히 도사리고 있다. 예를 들어 도자기의 유약에 납 성분을 넣으면 높은 광택을 내기 때문에 겉으로 보기에 때깔이 좋은 수입산 싸구려 도자기류는 십중팔구 납 성분을 함유하고 있을 가능성이 크다. 흔히 '크리스탈 유리'라 해 마치 쇳소리처럼 청량한 소리와 높은 광택을 내는 고급 유리잔에도 상당량의 납 성분이 유리에 섞여 있다. 이런 식기나 잔을 사용하면 납 성분이 음료수나 음식 속으로 녹아나오기 때문에 지속적으로 사용할 경우에는 납 중독에 걸리기 십상이다. 가끔 초대받아 간 집에서 특별히 멋을 부리느라 현란한 조각으로 장식한 크리스탈 유리 용기에 고급 양주를 옮겨 담아 내오는 것을 보면, 역시 크리스탈 유리로 된 잔을 든 손이 아직 중독된 것도 아닌데 달달달 떨린다.

현대인은 수은에 중독되어 있다

미국 다트머스 대학교의 카렌 베테한(Karen Wetterhan) 교수가 1996년 8월 화학 약품 $(CH_3)_2Hg$(디메틸수은)을 다루다가 라텍스 고무장갑 위로 소량의 시약을 흘리는 사소한 실수를 했다. 이후 시름시름 앓기 시작한 그녀는 그해 11월에 병원에 입원했고 이듬해 2월 식물인간 상태가 되었다가 6월에 사망했다. 부검을 실시한 의료진은 심한 수은 중독을 사인으로 발표했다.

일본 쿠마모토 현의 어촌 미나마타에서는 1950년대 중반부터 정신 이상, 신체 변형, 전신 마비, 심하면 죽음에 이르는 심각한 이상 증세가 주민들 사이에 대규모로 발생하기 시작해 지금까지 1700여 명이 직접적 원인으로 사망하는 끔찍한 환경 재앙이 발생했다. 조사 결과, 이는 LCD판 제작 회사로 잘 알려진 치소 사가 1930년대부터 아무 관리 감독을 받지 않은 채 30여 년간 미나마타 만에 수은 화합물 메틸수은(CH_3Hg)을 함유한 공장 폐수를 그대로 방류해 왔던 것으로 밝혀진다. 미나마타 만에 버려진 메틸수은은 바닷속 물고기들의 몸속에 축적되었고 이를 섭취한 주민들도 결국에는 메틸수은에 중독되었던 것이다.

미국 의료계에서는 2000년대 초, 미국 전역에서 아동의 자폐증 사례가 비정상적인 빠른 속도로 증가하는 것에 특별히 주목하기 시작했다. 캘리포니아 주의 경우 1987년에서 2002년 사이에 자폐증 아동의 수가 무려 6배나 증가하면서 심각한 사회 문제로 부각되기 시작했다. 주 정부의 복지 정책의 일환으로 어린아이들에게 의무적으로 접종해야 하는 예방 주사의 종류 수를 확대했던 시기와 일치하는 것에 주목한 의료계는 1930년대 이후 백신에 방부제로 첨가되어 온 '티메로살(thimerosal)'이라는 수은 화합물을 의심하기 시작했다. 수많은 연구자들이 티메로살과 자폐증의 상관관계를 밝히기 위한 연구에 착수했고 자폐증 아이의 부모들은 티메로살의 제작사를 상대로 대규모 집단 소송에 들어갔다. 지난 2010년 초 미국 고등 법원은 티메로살과 자폐증 간의 상관관계가 불명확하다는 이유로 집단 소송에서 제약사 측의 손을 들어주었고 이는 의학계와 부모들의 강한 반발과 시위로 이어졌다. 현재, 미국 FDA에서는 아동용 백신에 티메로살의 사용을 전면 금지한 상태이다.

현대를 사는 우리 대부분이 자신의 몸속에 상당량의 수은을 축적하고 있다는 사실을 알면 다들 믿지 않으려고 할 것이다. 하지만 수은은 우리 주변에 온통 널려 있다. 형광등의 전극 주변을 톡톡 두드리며 잘 들여다보면 동그랗게 생긴 작은 알맹이들이 돌아다니는 것을 볼 수 있다. 바로 형광등 속 수은 증기를 만드는 수은 덩어리들이다. 음악이 나오는 크리스마스 카드, 전자 체온계, 작은 불이 켜지는 펜, 붉은 악마의 야광 머리띠, 손목 시계 등 온갖 잡다한 소품들 속에는 어김없이 조그마한 수은 전지가 들어 있다. 쇠로 된 앙증맞은 케이스 속에는 수은 화합물이 잔뜩 들어 있다. 우리는 무심코 이들을 던져 버리지만 그 속에 들어 있던 수은은 생태계를 돌고 돌아 밥상 위의 생선 속에 축적된 메틸수은(CH_3Hg)의 형태로 결국에는 우리에게로 돌아온다. 더구나 공장 밀집 지역의 굴뚝이나 화장장에서 배출되는 수은은 현재로서는 차단할 마땅한 기술이 없기 때문에 그대로 배출되어 대기 중의 수은 농도를 높이고 있다.

특히 여성이 태아를 임신하면 인체 내에 축적된 수은이 문제가 된다. 태아는 매우 작기 때문에 엄마의 몸에 축적된 소량의 수은에 의해서도 치명적인 영향을 받을 수 있기 때문이다. 더구나 임신 3주에서 7주 사이의 장기 형성기에 수은의 영향을 받게 되면, 뇌의 발달에 지장이 생기면서 IQ 저하와 성격 장애 등이 나타나고 염색체 손상도 초래된다. 임신 초기에 기름기가 많아서 상당량의 메틸수은이 축적되어 있는 것으로 밝혀진 등푸른 생선이나 연어의 섭취를 가능한 한 피해야 하는 것은 바로 이 때문이다.

4부

우리가 발디딘 곳: 암석권

12 물질과 에너지

　그야말로 마술의 샘처럼 끊임없이 우리에게 필요한 것들이 솟아 나온다면 얼마나 좋을까? 적어도 한번 썼던 모든 것들이 처음처럼 새로워져서 다시 나타난다면 얼마나 좋을까? 하지만 열역학의 법칙은 이 세상 어디에도 그런 곳도 없을 뿐더러 그런 일도 일어나지 않는다는 것을 천명하고 있다. 지구의 물질과 에너지 자원은 결코 다시 솟아나거나 새로워지지 않는 지극히 한정된 자원들이다. 만약 기약도 없이 깊은 산속에 고립되었다면 누구든지 자신이 가져온 한 끼의 도시락을 어떻게 먹을지를 놓고 깊은 고민에 빠질 것이다. 배불리 한 번에 다 먹어 버릴지, 아니면 구원의 손길이 도달할 때까지 조금씩 나누어 아껴 먹을지를 놓고 말이다.

　지구는 우주의 한 구석에 놓인 작디작은 행성에 불과하다. 그리고 인간은 그 위에서 살아가는 수많은 생명체 가운데 한 종류에 불과하다. 그럼에도 불구하고 인류는 지구 전체의 건강 상태를 좌우할 수 있는 막강한 힘과 영향력을 가지고 있고 이를 기꺼이 행사하고 있다. 지구가 품고 있는 한정된 물질과 에너지 자원을 어디에 어떻게 사용할 것인지를 놓고 과연 인류가 한번쯤이라도 진지하게 고민해 본 것일까? 과연 자신들의 막강한 힘과 영향력을 어떤 방향으로 행사하고 있는지에 대해 깊게 생각해 본 적이 있는 것일까? 고민까지는 아니라도 물질과 에너지에 대한 조금의 상식과 관심을 갖는 것만으로도 인류와 나아가 지구의 미래 모습에는 큰 변화가 올 것이다.

4원소론에서 주기율표까지

우리가 살고 있는 이 세상은 무엇으로 이루어져 있을까? 아마도 인간이 가장 먼저 갖게 된 호기심 중 하나였던 것 같다. 기원전 400년경, 그리스의 철학자 아리스토텔레스와 플라톤은 만물의 근원을 물, 불, 공기, 흙으로 보았다. '4원소론'이라 해 이 세상이 네 가지의 원소로 이루어져 있다고 보았던 것이다.

오늘날의 화학자들은 만물의 기본 구성 요소로 100여 가지가 넘는 수많은 다른 종류의 '원소'들을 꼽고 있다. 이 100여 가지의 원소들을 일목요연하게 표로 정리해 놓은 것이 바로 '주기율표(periodic table)'다. 주기율표는 화학자들이 사용하는 가장 중요한 도구로 작가가 글을 쓰기 위해 사용하는 컴퓨터의 한글자판이나 마찬가지다. 이 주기율표를 자판으로 사용해 원소 기호가 적혀 있는 키를 두드리면 이 세상의 모든 것들을 화학식으로 나타낼 수 있고 모든 현상을 화학 반응식으로 써내려갈 수 있다.

예를 들어 'ㅁ—ㅜ—ㄹ'이라고 한글 자판을 치듯이 'H-2-O'라고 주기율표를 두드리면 '물'이라는 단어에 해당하는 'H_2O'라는 화학식을 쓰게 되는 것이다. '수소가 산소를 만나 물이 되었다.'라는 문장을 주기율표를 두드려 화학반응식으로 쓰면 '$H_2+O_2 \rightarrow H_2O$'가 된다. 익숙해지기만 하면 주기율표로 이 세상에서 일어나는 모든 일들을 쉽게 화학반응식으로 기술할 수 있게 된다.

이렇게 주기율표에 있는 원소들을 기본 구성 요소로 해 화학식으로 표현할 수 있는 우리 주변의 모든 것들을 통칭 '물질(material)'이라고 한다. 물질이 공통적으로 가지고 있는 기본 속성은 바로 '질량(mass)'이다. 양이 많아지면 눈으로 볼 수 있고 부피가 있어서 만져지며 손에 들면 무게가 느껴지는 것들이다. 그래서 물질의 특성을 서술할 때는 질량을 나타내는 m이라는 변수가 꼭 포함되기 마련이다. 예

오늘날 우리는 이 세상이 어떤 물질로 이루어져 있는지 상당히 정확한 지식을 가지고 있다. 그 내용을 집대성한 후 간단하게 요약해 놓은 것이 바로 주기율표(periodic table)다. 과거 4원소론을 주장했던 철학자들이 100여 개의 원소들이 빼곡히 적힌 주기율표를 보았다면 과연 표정이 어땠을까?

를 들어 $F=ma$, $E=mv^2/2$, $P=mv$ 등과 같이 물질의 움직임을 서술하는 뉴턴의 법칙에 관련된 식들에는 질량을 나타내는 변수 m이 꼭 들어간다. 주기율표의 각 원소 기호 밑에도 소수점을 포함한 숫자들이 기재되어 있는데 이것이 바로 그 원소가 얼마나 무거운지를 나타내는 질량 m의 값이다.

옛날 그리스 철학자들의 주기율표에는 단 네 가지의 원소만 채워져 있었지만 오늘날 우리의 주기율표에는 무려 100여 개가 넘는 원소 기호들이 빼곡히 채워져 있다는 것은 정말 놀라운 일이다. 그만큼 우리 주변 세상을 구성하고 있는 물질에 대한 이해의 폭과 깊이가 커졌음을 상징적으로 잘 보여 주고 있는 것이다.

에너지와 열역학 제1법칙

이 세상은 물질로 이루어져 있다. 하지만 잘 들여다보면 물질이라고는 볼 수 없는 또 다른 무엇인가가 그 뒤에 숨어 있는 것이 분명해 보인다. 물질 속에 숨어 있다가 그 모습을 드러낼 때면 가공할 힘으로 주변의 것들을 무너뜨리기도 하고(일) 일순간에 화염에 싸이게도 하지만(열) 정작 실체가 무엇인지 손에 만져지지도 않고 무게도 느껴지지 않는다.

이처럼 질량을 가지고 있지는 않지만 분명 우리 주변의 모든 일상에 큰 영향을 미치고 있는 잠재된 능력을 통틀어 '에너지(energy)'라고 부른다. 에너지는 마치 천의 얼굴을 가진 마술사와 같아서 다양한 방식으로 모습을 바꾼다. 터빈의 돌아가는 운동 에너지가 전선을 타고 움직이는 전기 에너지로 바뀌고 전열기의 열선 속에서는 뜨거운 열 에너지로 변했다가 전기 모터로 들어가면 다시 돌아가는 운동 에너지로 탈바꿈한다.

이와 같은 탈바꿈 과정을 잘 관찰해 보면, 에너지는 어떤 물질 속에 가만히 숨어 있을 때는 보이지 않다가, 한 물질에서 다른 물질로 옮겨 가는 과정에서 비로소 그 얼굴을 우리에게 드러낸다는 것을 깨닫게 된다. 이를 열역학에서는 수식으로 "$\Delta E=$일$+$열"이라고 묘사한다. 우리는 일이나 열을 통해 에너지의 존재를 알게 되는 것이다. 일이나 열은 어떤 물질이 자신이 가지고 있던 에너지를 잃어버리거나 얻게 되는 과정에서만 나타나는, 에너지의 얼굴 위의 두 가지 다른 표정인 셈이다. 에너지의 웃는 표정(일)과 찡그린 표정(열)이라고나 할까?

손에서 놓친 유리컵은 항상 위에서 밑으로 떨어진다. 뜨거운 쇳덩어리는 시간이 지나면서 주위에 열을 내주고 점점 차가워진다. 돌아가던 팽이는 점점 뒤뚱뒤뚱하다가 결국에는 멈춰 선다. 이와 같이 우리 일상에서 저절로 쉽게 일어나는 자연 현상들을 잘 관찰해 보면, 세상의 물질들은 모두 자신이 가진 에너지를 잃고 가능하면 낮은 에너지 상태가 되려고 한다는 것을 알 수 있다. 에너지를 잃는 것이 자발적인 방향이라는 뜻이다.

그럼 그와 같이 낮은 에너지 상태가 되면서 잃어버린 에너지는 어디로 간 것일까? 없어진 것일까? 아니면 주위에 있던 누군가가 그 에너지를 받게 되는 것일까? 이를 규정하는 것이 바로 '열역학 제1법칙'이며 수식으로는 다음과 같이 간단하게 표현된다. $\Delta E_{\text{우주}}=0$. (여기에서 Δ는 변화량을 의미한다.) 이 식은 "전체 우주의 에너지는 변하지 않는다."라는 것을 의미한다. 그래서 열역학 제1법칙을 흔히 에너지 보존 법칙이라고 부르기도 한다.

에너지 세상에서는 제로섬 게임의 룰이 적용된다. 다시 말해 내가 에너지를 얻으면 누군가는 에너지를 잃게 되어 있다. 에너지는 열이나 일로 사용하게 되는데, 열은 무질서도를 높이는 속성을 갖는 반면, 일은 무질서도를 낮추어 질서정연하게 만드는 데 기여한다. 따라서 어차피 써야 할 에너지라면 가능한 열보다는 일의 형태로 사용하는 것이 바람직하다.

전체 우주의 에너지량이 일정하다는 것은 곧 에너지란 생성되지도 않으며 소멸되지도 않는 기본 속성을 가지고 있음을 의미한다. 이는 에너지에 관한 한 제로섬 게임(zerosum game)의 룰이 바닥에 깔려 있다는 것을 암시한다. 카드 게임에서 내가 돈을 따면 필연적으로 남들은 그만큼의 돈을 잃게 되는 것과 마찬가지로, 내가 얼마만큼의 에너지를 얻으면, 주위에서는 반드시 누군가는 그만큼의 에너지를 잃게 되어 있는 것이다. 승자가 있으면 반드시 패자가 있어야 하는 비정한 룰이 철저하게 지켜지는 곳, 이것이 바로 에너지 세상이다.

엔트로피와 열역학 제2법칙

수학적으로 어떤 상태의 '무질서도'란 그 상태가 존재할 수 있는 '경우의 수'에 비례하는 개념이다. 예를 들어 한 장으로 온전하던 유리창이 깨져 여러 조각으로 흩어져 무질서해지면 이는 유리 조각들을 배열할 수 있는 경우의 수가 크게 증가한 것과 같다. 따라서 '경우의 수'에 로그를 취해 수치화하면 무질서한 정도를 수학적으로 표현할 수 있다. 이와 같은 방식으로 어떤 상태의 무질서한 정도를 나타낸 함수를 엔트로피라고 한다.

엔트로피 값이 크면 클수록 무질서의 정도가 높은 상태를 묘사한다. 무질서한 정도는 물건들이 서로 어떻게 놓여 있는지에 따라 달라진다. 질서정연한 상태와 무질서한 상태가 물건들의 상대적인 배치를 통해 쉽게 눈에 드러나기 때문에 우리는 이런 방식의 엔트로피 차이는 쉽게 구별한다. 방 안에 온갖 잡동사니가 어지럽게 널려 있는 엔트로피가 높은 경우와, 청소를 마친 후 깔끔하게 정리 정돈되어 있는 엔트로피가 낮은 경우를 그 예로 들 수 있다.

이와는 달리 물건들이 놓인 상대적인 배치는 그대로인데 공간 자체가 커지면서 엔트로피가 증가하는 특별한 경우도 있다. 공간이 커진다는 것은 물건들을 놓을 수 있는 자리가 더 많아지는 것과 마찬가지여서 경우의 수가 늘어나는 것이나 다름없다. 따라서 팽창으로 단순히 점유하는 공간이 커지는 것만으로도 엔트로피 값은 증가하고 무질서한 상태가 된다. 팽창하는 공기, 부피가 늘어나는 물질, 폭발 등이 모두 이런 방식으로 엔트로피가 증가하는 예다.

팽창을 통해 엔트로피가 증가하는 가장 대표적인 예가 바로 우리가 살고 있는 이 우주다. 우주는 빛의 속도로 팽창하면서 크기가 계속 커지고 있다. 시야에 들어오는 별들의 상대적인 위치가 그대로이다 보니 우리 눈에는 모든 별들이 마치 한 자리에 고정되어 있는 것처럼 보이지만 빛의 속도로 팽창하는 우주와 함께 모든 별들이 실제로는 우리로부터 매우 빠른 속도로 멀어지고 있다. 우리의 팽창하는 우주는 사실상 계속 무질서해지고 있다. '열역학 제2법칙'은 이와 같이 계속 팽창하면서 무질서해지고 있는 우주를 다음과 같이 묘사하고 있다. "우주의 엔트로피는 계속 증가한다, 즉 $\Delta S_{우주} > 0$."

우리의 일상을 둘러보면, 무질서해지는 쪽으로 가는 것이 훨씬 쉽다는 것을 깨닫게 된다. 유리창을 깨기는 쉽지만 깨진 유리 조각들을 다시 붙이는 것은 매우 어렵다. 방을 어지럽히기는 쉽지만 깔끔하게 정리하기는 쉽지 않다. 시간이 지나면서 진열된 물건들이 저절로 비뚤비뚤 제멋대로 놓이지만 야속하게 아무리 기다려도 결코 자기 스스로 질서정연해지지는 않는다.

이같이 우리 주변에서 저절로 일어나는 일들이 무질서해지는 방향, 즉 엔트로피가 증가하는 방향으로 일어난다는 사실은 열역학 제2법칙과 밀접한 관련이 있다. 팽창하면서 계속 엔트로피가 증가하고

"우주는 계속 무질서해져! 그러니까 이 상황은 내 잘못이 아냐!" 에너지를 사용하면 잠시나마 그 안에서 질서정연함을 실현할 수 있다. 그래서 우리는 끊임없이 에너지를 필요로 한다.

있는 우주가 그 속에 존재하는 모든 것들에서 일어나는 일들을 무질 서한 방향으로 밀어붙이고 있는 것이다. 팽창하는 우주의 무질서하 게 만드는 원동력은 우리로서는 거역하기 힘든 거대한 힘이다. 우리 는 힘들여 자신의 일상을 정돈하고 깔끔하게 만들지만 얼마 가지 않 아 모든 것들이 저절로 다시 무질서해지는 것을 경험한다. 계속 무질 서해져만 가는 일상을 끊임없이 다시 정돈해야 하는 우리 자신의 모 습 속에서 현존하는 시지포스를 보게 된다.

에너지원의 톱니바퀴

우리 주변의 물질 세계에서 일어나는 변화를 잘 들여다보면 한 방 향으로만 가려고 하는 방향성이 내재해 있음을 알 수 있다. 이러한 내재된 방향성을 '자발성(spontaneity)'이라 하는데 방향을 결정짓는 것은 바로 에너지와 엔트로피다. 죽고 썩어지고 허물어지는 것처럼 가만히 내버려 두어도 저절로 일어나는 자발적인 변화들은 모두 에 너지를 잃어버리면서 엔트로피가 높아져 무질서해지는 방향으로 간 다. 이는 굳이 대가를 치르지 않아도 쉽게 일어나는 일들이다.

정반대로 에너지를 얻고 동시에 엔트로피가 낮아져 질서정연해지 는 방향으로 가는 변화는 비자발적이다. 바로 '생명', '성장', '발전' 등 의 단어를 떠오르게 하는 변화들이 그 예다. 자발적인 변화와는 달 리 이런 비자발적인 변화는 결코 저절로 쉽게 일어나는 법이 없다. 이 러한 일이 일어나려면 반드시 대가로 에너지원을 소비한다는 점에 주목할 필요가 있다.

생명을 유지하려면 음식을 먹어야 하고 성장과 발전을 실현하려면 석탄과 석유를 소비한다. 비자발적인 일들이 일어나는 과정에서 소비되는 음식, 석탄, 석유와 같은 에너지원은 정작 그 자신은 가지고 있던 에너지를 모두 잃어버리고 엔트로피가 높아져 무질서해진 상태로 망가져 결국에는 쓸모없는 쓰레기로 전락해 버린다. 이와 같이 에너지원이 에너지를 잃고 무질서해져 버리는 일은 자발적인 방향의 변화다. 에너지원에게 일어나는 강한 자발적 변화 덕분에 우리에게는 비자발적인 일들이 가능해진 것이다.

이것은 마치 모터에 연결되어 강하게 돌아가고 있는 자발적 톱니바퀴를 맞물려서 돌아가지 않으려는 비자발적 톱니바퀴를 강제로 돌리는 것과 같다. 에너지원에서 일어나는 강한 자발적 변화가 한데 맞물려 '생명', '성장', '발전'과 같은 비자발적인 변화가 현실 속에서 실제로 가능해지는 것이다. 인간이 추구하는 비자발적인 변화들을 가능케 하기 위해 에너지원을 '희생'의 대가로 지불하게 되는 것이다.

성경의 이야기 속에는 인간이 신에게 동물을 죽인 '희생양'을 제물로 바치는 장면이 종종 등장한다. 번제라

인간이 추구하는 성장과 발전은 열역학적으로 비자발적이다. 결코 스스로 저절로 일어날 수 없는 변화다. 만약 이러한 비자발적 변화가 일어나려면, 그 대가로 강한 자발적 변화가 함께 맞물려 일어나야만 한다.

는 의식에서는 그 희생양을 제단 위에서 태우기도 한다. 마치 우리가 에너지원을 태우는 것처럼 말이다. 인간은 자신이 영위하는 생명은 물론이거니와 자신과 가족의 성장과 발전을 기도한다. 이것은 우리의 일상에서 일어나고 있는 일들의 원리를 상징적으로 보여 주는 매우 흥미로운 장면이다. 생명, 성장, 발전. 인간이 기도하는 이와 같은 일들은 자발성의 방향에 역행하는 전형적인 비자발적 변화로 결코 저절로 일어날 수 없는 일들이다. 어쩌면 신은 이같이 자연의 섭리에 역행하는 일들을 가능하게 해주는 대신 우리에게 희생의 대가를 요구한 것인지도 모른다. 희생양. 그것이 바로 우리가 소비하는 에너지원인 것이다.

폭증하는 에너지 수요

육체 노동으로만 생활했던 원시의 인간은 2000킬로칼로리 정도의 에너지면 충분히 하루를 지낼 수 있었다. 경작에 가축을 이용하게 되면서 한 사람이 사용하는 에너지의 양은 하루에 1만 2000킬로칼로리가 되었고 이후 산업 혁명을 맞아 석탄을 소비하면서 6만 킬로칼로리로 갑자기 늘어났다. 현대를 사는 우리는 한 사람이 하루에 근 40만 킬로칼로리에 달하는 엄청난 에너지를 사용하고 있다. 온갖 조명, 텔레비전, 냉장고, 에어컨, 컴퓨터, 엘리베이터, 자동차, 선박, 항공기 등 과거에는 상상도 하지 못했을 우리의 향상된 생활방식은 그 이면에 엄청난 에너지원의 소비를 바탕에 깔고 있다.

이와 같이 일인당 사용하는 에너지의 양이 크게 늘어나는 것과 함께 인구도 빠른 속도로 증가했다. 지난 1950년대에 30억이었던 세계 인구는 불과 50년 만에 2배인 60억으로 늘어났고 UN 보고서에 따르면 다시 50년 후인 오는 2050년이 되면 90억에 도달할 것으로 예상된다.

인구 증가와 늘어난 일인당 에너지 사용량이라는 두 요인이 중첩되면서 전체 인류가 소비하는 에너지원의 양은 지난 50년 사이에 가파른 상승곡선을 그리며 폭증했다. 더구나 그동안 비교적 뒤쳐져 있던 거대 인구를 가진 브라질, 러시아, 인도, 중국(BRICS 국가)이 뒤늦게 경제 발전에 박차를 가하면서 마치 에너지원의 블랙홀인 양 인류의 에너지원 소비를 몇 단계 더 끌어올려 놓기에 이르렀다.

인류는 석탄, 석유, 천연가스, 원자력, 수력, 풍력, 조력, 태양 등 종류를 가리지 않고 모든 가능한 에너지원을 동원해 눈덩이처럼 늘어나는 인류의 에너지 수요를 충족시키기에 급급하고 있다. 미국에 의해 원유 확보의 흑심을 품고 시작된 이라크 전쟁, 높은 비용에도 불구하고 온대 삼림을 파괴하며 진행되고 있는 캐나다의 샌드오일(sand oil) 개발, 2010년 멕시코 만의 원유 유출 사고를 촉발한 심해 유전 개발(offshore drilling) 등의 사례는 현재 국제 사회가 에너지원 확보에 얼마나 혈안이 되어 있는지를 단적으로 보여 준다.

하지만 단순히 에너지원을 확보하는 것만으로는 인류의 문제가 해결되기는커녕 오히려 이를 키우는 결과를 초래한다. 에너지원을 사용하면 반드시 그만큼에 해당하는 쓰레기(폐기물)를 남기게 된다는 너무나 간단한 사실을 간과하고 있기 때문이다.

일산화탄소, 이산화탄소, 삭스(SO_x), 낙스(NO_x), 오존, 탄소 미세먼지, 다이옥신, 수은 등과 같이 지구로 하여금 몸살을 앓게 하고 있는 수많은 원인 물질들을 살펴보면 모두 인류가 에너지를 얻기 위해

산업 혁명 이후 1인당 사용하는 에너지의 양이 급증하는 동시에 인구도 크게 늘어났다. 두 요인이 겹쳐지면서 인류가 사용하는 전체 에너지의 양은 놀라운 폭과 속도로 증가해 왔다. 계속 늘어만 가는 에너지 수요를 맞추기 위해 그 많은 에너지원을 어떻게 공급할 것인가가 거의 모든 개인과 국가들의 당면 과제가 되어 버렸다.

화석 연료인 석유와 석탄을 태우는 과정에서 쓰레기로 배출된 것이다. 지구의 환경 문제는 인류의 에너지를 사용하는 방식과 직접적으로 관련되어 있다. 지금까지의 인류의 에너지 사용 방식을 바꾸지 않은 채 단순히 늘어만 가는 에너지 수요를 채우기 위해 에너지원의 확보에만 전념한다면 당연히 뒤에 남겨지는 쓰레기의 양은 늘어만 갈 것이고 결국 지구의 온갖 환경 문제들은 더욱 심화될 수밖에 없음은 마치 불을 보듯 뻔하다. 환경 문제를 에너지 사용 방식의 문제로부터 접근해 들어가야 하는 이유가 바로 여기에 있다.

산업 혁명과 지속 가능성

"물 쓰듯 한다."라는 말이 있다. 마치 쓰고 또 써도 계속 생겨날 것처럼 쓰는 것을 두고 하는 말이다. 물은 우리에게 두 가지 중요한 착각을 불러일으키는 물질이다. 첫째는 주변에 무한정이라 할 정도로 많다는 착각이고 둘째는 쓰고 나면 다시 채워진다는 착각이다. 사실 물은 이런 두 가지 측면을 실제로 가지고 있기도 하다. 많은 것도 사실이고 다시 채워지는 것도 사실이니까.

하지만 문제는 우리가 물을 보며 갖게 된 이러한 착각 상태를 다른 물질들에게도 그대로 끌고 가 적용한다는 점이다. 현대를 살아가는 인류가 지구로부터 파낸 각종 자원들을 소비하는 모습을 멀찌감치 바라보면, 이 두 가지 착각 상태에 빠져, 마치 무한정 공급되고 다 쓰고 나면 어떻게 해서든 다시 채워질 것처럼, 그야말로 "물 쓰듯" 쓰고 있는 것을 보게 된다.

하지만 우리가 사용하는 각종 귀중한 자원들은 물과는 달리 한번 쓰면 더 이상 쓸모가 없어지는 쓰레기가 되어 버린다. 에너지원이자 플라스틱의 원료가 되는 석탄과 석유, 모든 구조물의 기초가 되는 철, 알루미늄이나 구리와 같은 비철금속들, 리튬과 붕소 등의 희소 금속들, 전자 소재의 핵심 재료인 희토류 금속들, 황과 인 등의 비금속 등 우리가 소비하는 이러한 자원들은 인류 문명을 유지하는 데 없어서는 안 될 매우 중요한 자원들이다. 하지만 이 자원들은 물과는 달리 사용하고 나면 다시 채워지지 않을 뿐만 아니라, 매장량도 극히 제한되어 있어서 무한정 쓸 수 있는 것도 결코 아니다. 우리 주변에 흔하게 널려 있다고 착각하기 쉬운 목재나 석재와 같은 자연물들도 결코 무제한으로 공급되는 것이 아니다.

각 광물 자원에 따라 우리가 소비하는 양도 다르고 매장량에서도 차이가 나지만 전체적으로 어림잡아 판단해 보면, 인류가 앞으로 이들 자원을 안정적으로 공급받을 수 있는 기간은 100년 정도 남아 있다고 보면 된다. 산업 혁명이 100여 년 전에 시작되었으니, 앞으로 그만큼의 시간이 더 흐르면 현재의 사회 구조를 그대로 유지할 수 있는 물질 자원과 에너지 자원은 사실상 모두 바닥이 나게 되는 것이다.

문제는 그 100년이 지나기도 훨씬 전에 인류는 이 물질 자원의 부족으로 인한 어려움을 이미 겪기 시작할 것이라는 데 있다. 물질 자원과 에너지 자원의 소비를 원동력으로 해 돌아가는 현재의 경제 패러다임을 그대로 지속한 채, 이미 60억을 넘어 70억에 육박하고 있는 전 세계 인구가 지구가 가진 한정된 자원을 지금과 같은 놀라운 속도로 소비해 버리면, 조만간 자원의 수요와 공급의 균형이 깨지는 시점에 도달할 수밖에 없다는 것은 굳이 전문적 지식이 없어도 쉽게 예측할 수 있는 사실이다. 지구가 가진 모든 자원은 그렇게 많지도 않으려

인류는 산업 혁명 이후 100여 년 동안 물질 자원과 에너지 자원을 마구 소비했다. 다가올 100년 후에는 현존하는 거의 대부분의 자원이 바닥을 드러낼 것이며 이미 사용된 자원으로부터 남겨진 쓰레기로 인해 극심한 골칫거리들을 안게 될 것이다. 자원이라는 관점에서 보면 이제 정점을 지나 내리막길로 들어서는 이때, 지속 가능성이라는 주제에 대해 높은 관심을 가져야 할 것이다.

니와 다 쓰고 나면 결코 새로 생겨나지도 않는다. "소 잃고 외양간 고친다."라는 말이 있다. 하지만 더 이상 키울 소가 없다면 과연 외양간을 고칠 필요나 있을까? 가장 현명한 것은 소를 다 잃기 전에 외양간을 대대적으로 손보는 것이리라.

문명의 몰락 단계

미국 캘리포니아 대학교 로스앤젤레스 분교의 지리학 교수인 재러드 다이아몬드는 생리학과 생물 물리학 분야에서 박사 학위를 취득하고 이후 생태학, 조류학, 유전학, 심지어 고고학에까지 관심을 넓히면서 활발한 저술 활동을 하고 있다. 특히 2005년에 발표한『문명의 붕괴(*Collapse*)』는 과거 한때 융성했던 문명들이 어떤 과정을 거쳐 몰락의 길로 들어서게 되는지를 잘 보여 주고 있다.

유카탄 반도의 마야 문명, 이스터 섬의 부족 사회, 미국 남부의 아나사지 문명, 대량 학살로 얼룩진 르완다와 수단 다르푸르 등 이미 몰락했거나 몰락하고 있는 사회를 살펴보면 이들이 걸었던 번영과 몰락의 역사 속에서 공통적으로 거쳐 간 사회 변화의 몇 가지 단계를 엿볼 수 있다. 문명의 발전은 대부분의 경우 농업 발달로 시작되었다. 농업 생산성이 향상되면서 사람들의 먹을거리가 풍족해지고 삶의 질이 높아지기 시작한다. 이러한 식량의 증산은 곧 인구 증가로 이어지면서, 출산이 늘어나고 외부로부터의 인구 유입도 늘어난다. 외부의 다양한 문화도 함께 유입되면서 고도의 문명을 꽃피우는 계기가 마련된다.

하지만 이와 같은 인구 증가와 생활 수준의 향상은 곧 사회 전체의 과소비로 이어진다. 고도의 문명을 이룩하며 전성기에 들어선 이 발달된 사회는 갑자기 늘어난 사회 구성원들의 수요를 충족시키기 위해 주위의 자연 자원을 무분별하게 개발해 소비해 버리기에 이른다. 사라지는 숲, 소실되는 표토, 고갈되는 물, 어족 자원 남획 등 과소비 단계에서 몰락한 사회가 겪었던 이와 같은 현상들은 현재 인류가 직면한 환경 문제와 매우 닮아 있음을 알 수 있다.

결국 이러한 과소비가 지속되면서 주위의 자연 환경은 황폐화되고 자연 자원은 빠른 속도로 고갈되기 시작한다. 이 단계에서 특히 수요와 공급의 균형이 깨져 문제가 되기 시작하는 주요 자원은 식량(food), 에너지원(energy), 물(water)이다. 문명의 전성기에 들어서며 번영을 지속하지만 부족해진 자원의 불균등한 분배로 빈부 격차와 사회적 갈등이 깊어지는 역설적인 상황이 빚어지기 시작한다.

한계 상황에도 불구하고 그렇게 한동안 번영을 지속하던 사회는 어떤 계기에 갑작스러운 붕괴를 맞게 된다. 원인을 제공한 것은 대부분의 경우 갑자기 찾아온 기후 변화였다. 가장 흔한 원인은 수년에 걸친 극심한 가뭄이었다. 마야 문명이 그랬고 아나사지 문명도 마찬가지였다. 그러지 않아도 위태롭게 유지되던 평화가 이상기후로 인해 순식간에 무너지며 무정부 상태, 기아, 학살, 전쟁 등의 사회적 붕괴로 이어지며 문명은 일순간에 역사 속으로 사라진다. 과거의 사라진 문명이 몰락하는 과정에서 예외 없이 거쳐 간 단계적 현상은 인구 과잉, 과소비, 이어진 자연 자원의 고갈이었다는 점에 우리는 특히 주목할 필요가 있다. 이제는 어느 하나의 사회나 문명이 아니라 세계화로 하나가 된 인류 전체가 지금 이 똑같은 길을 걸어가고 있는 것인지도 모르기 때문이다.

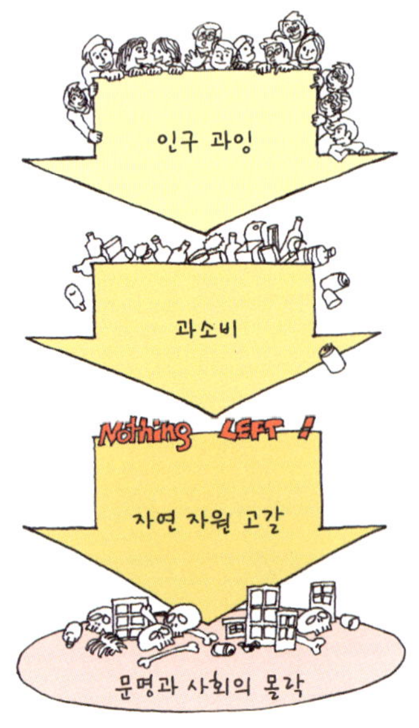

한때 융성한 경제와 문화를 꽃피웠다가 결국에는 몰락의 나락으로 떨어져 역사 속으로 사라져 간 과거의 여러 문명들이 걸어간 길을 보면, 이들이 공통적으로 경험했던 일정한 패턴이 드러난다.

금전 패러다임 대 물질 패러다임

일상적 소비 활동에 있어, 우리가 어떤 기준에 입각해 구입 결정을 내리는지 한번 생각해 보도록 하자. 예를 들어 몇 년 전 구입한 20만 원짜리 카세트(플레이어)가 고장 났다고 하자. 고치는 비용이 10만 원이라 한다. 중고품 시세가 10만 원밖에 안하는 데 말이다. 중고품 시가인 10만 원을 들여서 헌 카세트를 고쳐서 계속 사용할 것인가? 중고품으로 팔아서 받은 10만 원에 수리비 10만 원을 얹어 새 카세트를 다시 구입할까? 많은 경우, 돈을 얹어 새 카세트를 구입하게 되는 것이 오늘날 우리의 일반적 소비 행태다. 시세 10만 원짜리 헌 카세트를 고치는 데 수리비로 10만 원을 쓴다는 것에 대해 어리석은 판단이라고 생각하는 것이다. 더구나 소비가 미덕이라고들 하니, 헌 카세트를 처분하고 10만 원을 얹어 새 카세트를 구입하는 것이 경제에도 도움이 된다고 여긴다. 이러한 행태의 패러다임은 항상 경제적 가치를 따지기 때문에 "금전 패러다임"이라 이름 붙여 보았다.

우리가 금전적 가치를 생각할 때, 이러한 행태는 지극히 이성적이고 합리적이다. 그러나 이번에는 조금 다른 각도에서 바라보도록 하자. 우리에게 허용된 물질적 자원은 매우 한정되어 있다. 사실, 일반적으로 알고 있는 것보다도 훨씬 심각한 수준이다. 현재 우리가 처해 있는 각종 환경 문제들의 핵심에는 이러한 제한된 자원을 얼마나 효율적으로 사용하느냐 하는 문제와, 그렇게 함으로써 어떻게 하면 폐기되는 부분을 줄이느냐 하는 문제가 놓여 있다. 기왕에 사용해야 할 자원이라면 최대한 효율적으로 사용해야 할 일이며 기왕에 버려야 할 자원이라면 최대한 사용할 대로 사용한 후에 버려야 할 일이다.

고장 난 카세트를 다시 보도록 하자. 고장 난 카세트를 10만 원을 들여 고친 후 앞으로 계속 더 사용한다면, 적어도 한 대의 카세트를 만들기 위한 물질적 자원을 쓰지 않고 남겨 두는 것이요, 이미 상품으로 변한 자원을 더 오랫동안 사용하는 것이요, 적어도 한 대 카세트 분량의 쓰레기가 줄어드는 것이다. 다만 그 와중에 똑같은 돈을 쓰면서도 새 카세트로 바꿀 수 있었던 기회를 버리는 것이 된다. 누가 보아도 어리석기 짝이 없는 선택이라 할 것이다. 그러나 앞으로 인류에게 다가올 고갈된 물질 자원에 의한 재료비 상승과 쓰레기로 인해 파괴된 환경을 관리하는 데 드는 비용의 상승을 고려하면 이렇게 하는 것이 장기적으로는 결국 돈을, 아니 나아가서 인류 자신과 지구를 아끼게 되는 것이다. 거시적이고 장기적인 시각에서 내다본 미래에 대한 확신이 있다면 주저하지 않고 10만 원이라는 거금을 들여서 고장 난 카세트를 고친다. 나는 이러한 행태를 "물질 패러다임"이라고 이름 붙여 보았다.

환경 문제의 핵심은 폐기물의 문제다. 동력으로 10퍼센트만 사용되고 나머지는 모두 이산화탄소, 폐열 등의 쓰레기로 버려지는 휘발유, 잠시 손을 적신 후 버려지는 물, 편리함을 위해 한번 사용되고 버려지는 온갖 고체 쓰레기들……. 국제 협약, 환경법, 환경 친화적 기술 개발 등 환경 문제를 풀기 위한 온갖 묘책들이 강구되고 있지만 근본적으로 일상생활에서 우리 평범한 사람들의 패러다임이 바뀌지 않는다면 인류의 미래는 그리 밝지만은 않은 것 같다.

경제 발전과 지속 가능성이 함께 가려면 일반 사람들의 경제 패러다임에 대변혁이 요구된다. 황금 송아지를 우상으로 삼았던 문명은 예외 없이 몰락했던 역사를 되돌아볼 필요가 있다.

13 우주선 지구호의 에너지 문제

우연일까. 불운의 숫자가 중첩된 1970년 4월 13일 3명의 우주인을 태우고 달을 향해 순항하던 아폴로 13호 로켓의 산소 탱크가 갑자기 폭발하는 사고가 발생한다. 지구와 달의 한가운데에서 숨 쉴 산소는 물론이고 에너지를 얻을 연료조차 부족해진 3명의 우주인은 결국 달 착륙선에 남아 있던 약간의 연료와 산소에 의지해 사고 후 86시간 만에 극적으로 모두 살아서 지구로 돌아온다. 이들을 안전하게 지구로 귀환시키기 위해 촌각을 다투며 벌어지는 실제 이야기가 론 하워드 감독의 영화 「아폴로 13」에서 박진감 넘치게 펼쳐진다.

수많은 기술자와 과학자들이 모여서 조난당한 우주인들을 안전하게 귀환시킬 구체적인 방법을 놓고 논쟁이 벌어진다. 토론이 한참 진행되던 중간에 한 기술자가 목소리를 높인다. "이봐, 에너지가 문제야! 그들이 지구로 귀환하기에 에너지가 충분하지 않아. 당장 모든 전원을 내려야 한다고!” 토론을 하던 모든 이들은 갑자기 굉장히 간단한 사실을 깨닫는다. 아무리 좋은 방법이라도 사용할 에너지원이 없다면 아무 소용이 없다는 것을.

아폴로 13호 우주인들의 안전한 귀환 방법을 두고 벌어졌던 갑론을박을 지금 우리는 우주라는 망망대해에 덩그러니 떠 있는 지구라는 우주선에 탄 인류의 운명을 놓고 그대로 재현하고 있다. 인류의 지속 가능한 발전을 위한 여러 가지 기발하고 그럴듯한 방법들이 제시되고 있지만 정작 그 모든 것의 핵심에는 마치 아폴로 13호를 놓고 한 기술자가 목소리를 높였듯이 다름 아닌 그러한 방법들을 실현하는 데 필요한 “에너지”를 어디에서 가져올 것인가 하는 문제가 자리하고 있다.

석탄 중독

열은 낭비되는 에너지나 마찬가지다. 그래서 똑같은 양의 에너지를 쓰더라도 열보다 일로 사용하는 비율이 높을수록 우리는 “효율이 높다.”라고 말한다. 따라서 어떤 장치가 효율이 높은지 낮은지는 얼마나 많은 열이 발생하는지를 보면 금세 알 수 있다. 예를 들어 뜨거운 열이 발생하는 백열전구는 차가운 형광등에 비해 훨씬 효율이 낮은 조명 장치다. 거꾸로 효율이 높은 장치는 열이 적게 발생하므로 당연히 더 차가울 것이라는 것도 쉽게 예상할 수 있다. 예를 들어 똑같이 달린 일반 자동차와 전기 자동차의 엔진 중 당연히 효율이 높은 전기 자동차의 엔진이 더 차가울 것이다.

에너지에는 열, 빛, 소리, 전기 등과 같은 여러 다른 형태가 있는데 이중에서도 일의 방식으로 사용하기에 가장 편리한 에너지는 바로 전기 에너지다. 전기 에너지가 가장 효율이 높은 에너지인 것이다. 따라서 석탄, 석유, 가스, 원자력 등 어떤 에너지원을 소비하건 이를 전기 에너지의 형태로 변환해 소비자들에게 공급하는 것이 가장 바람직하다. 이와 같은 이유로 인류가 전기 에너지를 사용하는 비율은 앞으로도 계속 증가 일로를 걷게 될 것이다.

문제는 전기 에너지를 생산하는 데 사용되는 에너지원으로부터 많은 양의 이산화탄소가 배출된다는 것이다. 세계적 통계를 보면 앞으로도 전기 에너지 생산 과정에서 배출되는 이산화탄소의 양은 계속 증가할 것으로 예측된다.

현재 인류가 전기 에너지를 생산하는 데 어떤 에너지원을 주로 소비하고 있는지를 살펴보면 월등히 석탄이 가장 많이 사용되고 있다.

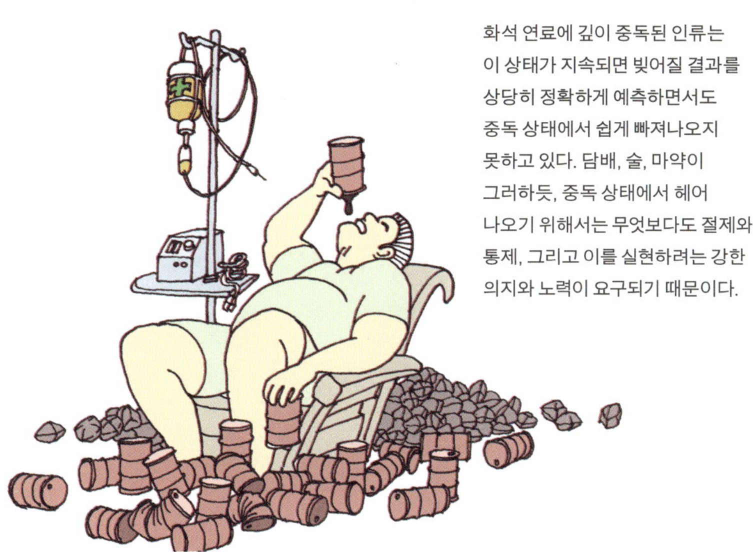

화석 연료에 깊이 중독된 인류는 이 상태가 지속되면 빚어질 결과를 상당히 정확하게 예측하면서도 중독 상태에서 쉽게 빠져나오지 못하고 있다. 담배, 술, 마약이 그러하듯, 중독 상태에서 헤어 나오기 위해서는 무엇보다도 절제와 통제, 그리고 이를 실현하려는 강한 의지와 노력이 요구되기 때문이다.

전 세계적으로 석탄을 태워 얻는 전기 에너지의 양은 석유로부터 얻는 양의 5배, 천연가스로부터 얻는 양의 2배, 원자력으로로부터 얻는 양의 2배, 재생 가능 에너지로부터 얻는 양의 2배에 이른다.

그런데 동일한 양의 전기 에너지를 얻는 데 얼마만큼의 이산화탄소를 배출하는지 비교해 보면 놀라운 사실을 발견한다. 석탄의 이산화탄소 배출량이 가장 많아서, 같은 양의 에너지를 생산하는 데 석유의 1.5배, 천연가스의 2배, 태양력의 7배, 수력의 10배, 원자력의 무려 100배나 되는 이산화탄소를 대기 중에 방출하고 있다. 석탄은 가장 지저분한 에너지원인 것이다.

이런 문제점에도 불구하고 전 세계적으로 소비되는 에너지원에서 석탄이 월등히 높은 점유율을 차지하고 있는 이유는 바로 값이 싸다는 단순한 경제 논리 때문이기도 하다. 현재 석탄은 같은 양의 전기 에너지를 생산하는 데 있어 가장 적은 비용이 드는 값싼 에너지원이기 때문이다. 하지만 그 가격 차이란 것이 천연가스나 원자력과 비교하면 기껏 해 보아야 1킬로와트시당 1내지 2센트에 불과해서 그리 큰 가격 경쟁력이 있는 것도 아니다.

그럼에도 불구하고 대부분의 전문가들이 석탄 점유율이 앞으로도 계속 현재 추세로 높아질 것이라 점치는 배경에는 '이지 오일(easy oil)'로 분류되는 원유의 매장량이 이미 감소 추세로 돌아섰음에도 불구하고 이를 대신할 대체 에너지의 개발과 제도적 개선 노력은 거북이걸음을 하고 있다는 인식이 널리 깔려 있다. 인류는 무너져 가는 지구의 생태계를 보면서도 지저분하고 값싼 석탄으로부터 손을 뗄 수 없으리라는 것을 예고하고 있는 것이다.

현대는 그린 레이스의 시대

우리가 에너지원을 사용하는 가장 기본적인 방식은 이를 산소와 함께 태우는 것이다. 이 방식의 문제점은 에너지를 뽑아 쓰고 나면 에너지원은 쓸모 없는 물질로 변해 온갖 환경 문제를 야기한다는 것이다. 이산화탄소, 일산화탄소, SO_X, NO_X, 오존, 탄소 미세 먼지, 다이옥신, 수은 등은 화석 연료를 태우는 과정에서 나온 부산물이다. 이런 부산물을 남기지 않는 에너지원에는 어떤 것이 있을까? 부산물을 남기더라도 환경 문제를 야기하지 않는 에너지원은 없을까?

에너지를 쓰고 나서 부산물을 남기지 않는 에너지를 '재생 가능 에너지(renewable energy)'라고 한다. 재생 가능 에너지에 해당하는 것으로는 태양열, 수력, 풍력, 조력, 지열을 꼽는다. 수력과 풍력은 태양열의 다른 모습에 해당한다. 태양열로 증발된 수증기가 비가 되어 높

인류가 찾은 현실적인 대체 에너지는 재생 가능 에너지(태양열, 수력, 풍력, 조력, 지열), 수소 에너지, 원자력 에너지이다. 이외에도 연구가 활발한 바이오 연료가 진정한 대체 에너지가 될 수 있을지는 조금 두고 보아야 할 일이다.

은 곳에서 낮은 곳으로 흐르는 물의 원동력이 되며 이 과정에서 바람도 형성되기 때문이다.

재생 가능 에너지를 적극적으로 활용할 수 있는지의 여부는 지역적 특성에 크게 좌우된다. 수력을 사용하려면 물이 풍부한 강이 있어야 하며 지열을 사용하려면 안정된 지반에 사용하지 않는 넓은 땅이 있어야 한다는 제약이 따른다. 태양열과 풍력은 기상 상황에 큰 영향을 받기 때문에 지속적이고 안정적인 에너지 공급이 어렵다. 연중 지속적으로 불어오는 편서풍을 마주하고 있는 우리나라 서해 연안 지역은 그나마 풍력을 활용하기에 적합한 지역이다. 특히 서해안은 조수 간만의 차이가 크기 때문에 조력을 사용하기에도 최적의 조건을 갖추고 있다.

부산물을 남기기는 하지만 환경에 전혀 해를 끼치지 않는 에너지원으로는 수소(H_2)를 들 수 있다. 수소는 말 그대로 수소 한 가지로만 이루어져 있기 때문에 산소와 반응하면 물 이외의 어떤 다른 부산물도 만들지 않는다. 뿐만 아니라 태우는 연료 중에 수소는 단위 무게당 가장 많은 에너지를 발생한다. 광합성에서 만들어진 글루코스가 그램당 15킬로줄, 석탄이 그램당 30킬로줄, 석유가 그램당 50킬로줄 정도의 에너지를 발생하는 데 반해 수소는 그램당 120킬로줄에 달하는 엄청난 에너지를 내놓는다. 그래서 멀리 달까지 다녀와야 했던 아폴로 새턴 5 로켓에는 가벼우면서도 많은 에너지를 발생하는 액체 수소가 주된 연료로 사용되었다.

원자력 에너지는 방사성 폐기물을 쓰레기로 남기기는 하지만 화석 연료에 비하면 전체 지구 환경을 파괴하는 정도가 낮다. 그램당 거의 2톤의 석탄에 해당하는 에너지가 발생하기 때문이다. 우리나라는 전체 에너지의 35퍼센트를 20여 개의 원자력 발전소로부터 공급받고 있다. 전체의 77퍼센트를 원전에서 공급받는 프랑스 다음으로 전 세계에서 두 번째로 원자력 의존도가 높은 나라다.

인류는 현재 늘어만 가는 수요를 맞추기 위해 에너지원의 확보를 위한 치열한 전쟁을 벌이고 있다. 그 전선의 한 축은 화석 연료를 대신할 에너지원을 확보하는 방향(이것을 '그린 레이스(green race)'라고 한다.)으로 나아가고 있는데 우리가 눈여겨보아야 할 것이 바로 재생 가능 에너지, 수소, 원자력이다.

바이오 연료의 명암

외국으로부터 원유를 수입하던 나라인 브라질은 수입 원유를 자체 생산한 에탄올로 대체한다는 야심찬 계획을 실천에 옮긴다. 지난 1980년대부터 자동차와 항공기 연료로 에탄올을 사용하기 시작

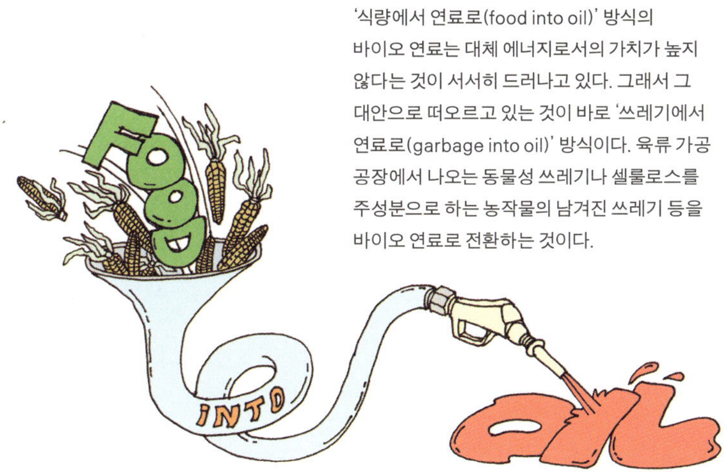

'식량에서 연료로(food into oil)' 방식의 바이오 연료는 대체 에너지로서의 가치가 높지 않다는 것이 서서히 드러나고 있다. 그래서 그 대안으로 떠오르고 있는 것이 바로 '쓰레기에서 연료로(garbage into oil)' 방식이다. 육류 가공 공장에서 나오는 동물성 쓰레기나 셀룰로스를 주성분으로 하는 농작물의 남겨진 쓰레기 등을 바이오 연료로 전환하는 것이다.

해 2000년대에는 자동차를 모든 조성의 에탄올에서 사용할 수 있는 'Flexfuel' 모델로 전격 교체하면서 마침내 2006년 수입산 원유로부터 완전히 해방되었다는 공식적인 선언을 하기에 이른다. 바이오 연료(biofuel)를 대체 에너지원으로 사용한 성공 사례다.

지난 2007년 브라질의 성공을 보고 고무된 미국의 부시 행정부는 2017년까지 국내 원유 소비의 15퍼센트를 에탄올로 대체한다는 목표를 설정했다. 이에 의거해 2012년이면 75억 배럴의 에탄올 자체 생산에 도달하겠다는 계획이 하원을 통과한다. 오는 2030년에는 총 600억 배럴을 생산하고 2050년이면 수입산 원유에 대한 의존에서 완전 벗어나겠다는 야심찬, 무모하기 짝이 없는 목표를 내세웠다.

사탕수수로부터 에탄올을 얻고 있는 브라질과는 대조적으로 미국은 중부 평원 지대에서 생산되는 옥수수로부터 에탄올을 생산한다. 현재 미국의 전체 옥수수 수확량의 20퍼센트가 에탄올 생산에 이미 사용되고 있으며 휘발유 15퍼센트에 에탄올 85퍼센트를 섞어 만든 혼합 연료가 옥수수 생산지 주변의 1200여 개 주유소에서 'E85'라는 이름으로 판매되고 있다.

하지만 미국의 계획은 벌써부터 많은 문제점을 드러내기 시작했다. 현재 수확되는 옥수수 전량을 에탄올로 전환하더라도 전체 휘발유 수요의 12퍼센트만 대체할 수 있으며 콩 수확량 전체를 바이오 디젤로 전환하더라도 경유 수요의 6퍼센트만 대체할 수 있다. 경작지를 넓히기 위해 기존의 삼림과 녹지를 대대적으로 훼손하게 될 것이라는 예상이 나오는 이유다. 더구나 옥수수로부터 에탄올을 생산하는 과정은 사탕수수의 경우와는 달리 엄청난 양의 천연가스와 원유가 추가로 소비된다는 점을 간과했다.

가장 큰 문제는 옥수수가 우리 사람들의 먹을거리와 동물의 사료로 경작되고 있었다는 사실을 간과한 것이었다. 다시 말해 정책의 근본 성격이 '식량에서 연료로(food into oil)'라는 잘못된 원칙 위에 서 있었던 것이다. 결국 곡물 가격 폭등의 도화선에 불이 붙으면서 2008년과 2009년에 걸쳐 세계는 극심한 '애그플래이션(agflation, agricultural inflation)'을 경험하게 되었고 많은 과학자들이 미국의 에너지 정책의 타당성에 강한 의문을 제기하기 시작했다.

결국 관건은 에탄올을 어디에서부터 어떻게 얻느냐 하는 것이었다. 사탕수수는 20퍼센트가 당으로 이루어져 있어서 곧바로 에탄올로 발효된다. 나머지 80퍼센트의 잔여물은 전량 에탄올 생산 공장을 가동하는 연료로 재활용되어 추가의 에너지 소비 없이 모든 것이 자급자족되었다. 반면 옥수수의 녹말은 일단 당으로 바꾸어 주는 공정을 거쳐야 하는데 이 과정에서 많은 천연가스가 추가로 소비된다. 더구나 옥수수 수확에 동원된 대형 장비들은 엄청난 양의 원유를 소비했다. 반면 사람의 손으로 수확하는 사탕수수는 한번 심으면 7번을 수확하게 되며 1에이커 당 옥수수의 2배에 해당하는 800갤런의 에탄올이 나온다. 무엇보다도 사탕수수의 경우 식량 공급의 균형을 깨는 일은 결코 일어나지 않는다.

지난 2009년 브라질은 수심 2000미터의 바다 밑으로 5000미터의 바위와 소금층을 더 뚫고 들어가 이제까지 누구도 도달하지 못했던 깊은 곳, 7000미터의 투피 유전에서 처음으로 원유를 뽑아 올리는 데 성공했다. 이제 브라질은 원유 수입국에서 진정한 원유 생산국이 된 것이다. 미국도 역시 멕시코 만의 깊은 바다에서 영국의 BP사의 주도로 브라질이 성공한 심해 유전 개발(offshore drilling)을 시도

하지만 2010년 시추선의 폭발 사고로 금세기 최악의 원유 유출 사고를 일으키며 행보에 제동이 걸렸다. 에너지 정책을 수립하고 이를 실천해 나가는 과정에서 빚어지는 이 두 나라의 이야기는 앞으로도 계속 흥미진진한 비교거리가 될 것 같다.

합성 원유 노천 광산

땅 속의 원유는 오랜 옛날 동식물의 잔해와 미생물이 범벅이 된 유기물이 오랫동안 두껍게 쌓여 층을 이루고 다시 그 위에 토양층이나 말라붙은 소금층이 덮여 땅속에 묻히면서 지금에 이른 것이다. 그와 같은 유기물 층이 깊은 땅 속에 묻히지 못한 채 그대로 겉으로 드러나 있는 경우도 있는데 바로 캐나다 북서부의 온대 삼림과 베네수엘라의 열대 우림 지역에 있는 유사(oil sand)층이다.

유사층의 유기물은 공기가 차단된 상태에서의 오랜 화학 반응에 의해 검고 찐득찐득한 아스팔트 형태로 변한 채 퇴적된 모래와 함께 범벅이 된 상태로 존재한다. 뜨거운 물로 모래와 아스팔트를 분리하고(1차 공정) 분리된 아스팔트를 100기압의 높은 압력을 가해 주면서 500도로 가열하면(2차 공정) 찐득거리던 아스팔트는 점성이 낮은 액체 상태의 원유로 바뀌게 된다. 지층 사이에 묻힌 채 깊은 땅속에서나 일어났을 일을 재현하는 것이다. 이렇게 얻어진 원유를 합성 원유(synthetic crude oil), 혹은 어려운 공정을 거쳐 얻는다 해 '하드오일(hard oil)'이라고 한다.

원유의 매장량이 감소 추세에 들어서고 세계 원유가가 폭등하면서 과거에는 아무도 거들떠보지 않던 이 합성 원유가 갑자기 주목받

캐나다와 베네수엘라에는 세계 전체 원유 매장량에 버금가는 양의 아스팔트가 모래와 섞인 채 매장되어 있다. 원래대로라면 수억 수천만 년의 시간이 흘러 깊은 땅속으로 들어가 높은 압력과 열에 의해 분해되어 원유가 되면서 새로운 유전을 형성했어야 할 운명이었다. 하지만 유전이 바닥나기 시작하자 인류는 이 아스팔트마저 가만 두지 못하고 미리 파서 사용하기에 이르렀다.

기 시작했다. 특히 전체 원유 사용량의 20퍼센트를 캐나다로부터 수입하던 미국이 그중 반을 이 합성 원유로 수입하기로 결정하면서 유사층이 분포한 캐나다 앨버타 지역의 경제는 일대 황금기를 맞았다.

문제는 이 유사층이 북위 60도선에 걸쳐 널리 분포되어 있는 빽빽한 온대 삼림 아래 놓여 있다는 점이다. 합성 원유 1배럴을 얻기 위해서는 2톤에 해당하는 30미터 두께의 상토를 모두 걷어내고 그 밑에 묻혀 있던 유사 2톤을 채취해 1차와 2차 공정을 거치는 공장으로 실어가야 한다. 말 그대로 노천광산인 것이다. 집채만 한 대형 장비들이 이렇게 상토를 걷어내는 과정에서 일대를 덮고 있던 나무들은 무자비하게 제거되고 지난 수억 년 동안을 지구의 허파 역할을 해 왔던 온대 삼림은 상상을 넘어서는 빠른 속도로 사라지고 있다.

더구나 뜨거운 물로 아스팔트를 분리하는 과정에서 나오는 폐수와 남은 모래가 인근 수자원과 토양을 심하게 오염시키고 분리된 아스팔트를 높은 온도로 처리하는 공정에서 많은 양의 천연가스를 소비하면서 기존 원유 생산의 3배에 달하는 이산화탄소를 대기 중으로 방출한다. 이산화탄소를 흡수하는 주요 '카본싱크(carbon sink)'의 하나인 온대 삼림을 파괴하면서 동시에 대기 중으로는 더 많은 이산화탄소를 방출하고 있는 것이다.

이와 같은 일이 버젓이 진행되고 있는데 대한 당위성을 제공하는 것은 바로 경제 논리다. 원유가가 올라가면서 합성 원유를 생산해 판매하고 나면 이제는 이윤이 남는 것이다. 인간 사회의 경제 논리와 정치 논리가 얼마나 어이없는 일들을 얼굴빛 하나 변하지 않은 채 자행할 수 있게 만드는지를 보여 주는 좋은 사례다.

새로운 전력망, 스마트 그리드

발전소 운영의 핵심은 전기 에너지에 대한 수요를 정확하게 예측하는 것이다. 만약 수요를 잘못 판단해 너무 적은 양의 전력을 공급하면 정전 사태가 나고 너무 많은 양을 공급하면 낭비의 요인만 커진다. 그 많은 전기 에너지를 저장해 놓았다가 공급할 수가 없기 때문에 빚어지는 일이다. 더구나 소비자의 수요와 발전소에서의 공급 사이에는 시간차까지 존재하기 때문에 더운 여름 한낮과 같이 전력 사용이 갑자기 급증하는 경우에는 제때 수요를 따라가지 못하는 일이 쉽게 일어난다.

대표적인 재생 가능 에너지인 태양열과 풍력을 주된 에너지원으로 삼지 못하는 이유는 바로 이러한 전력의 수요와 공급을 맞추기 어렵다는 점이다. 소비자에 의한 전력 수요는 급증하는데 갑자기 기상 변화로 해가 구름에 가리든지 바람이 약해져서 태양열 발전소와 풍력 발전소가 멈춰 버린다면 곧 심각한 사태로 이어질 것이 분명하기 때문이다.

이러한 걸림돌을 극복하는 방법의 하나로 '지능형 전력망(smart grid)'에 대한 관심이 높아지고 있다. 지능형 전력망이란 과거 발전소에서 소비자들에게 일방적으로 전력을 공급하던 방식에서 탈피해 발전소와 소비자들이 쌍방향으로 정보를 주고받으면서 경우에 따라서는 소비자도 공급자가 되어 다른 소비자들에게 전력을 공급하는 새로운 방식을 말한다.

이러한 새로운 방식의 전력망은 소비자들도 각 가정에서 나름대로 태양열 발전기나 풍력 발전기를 보유하고 전력을 스스로 생산하는 것을 전제로 하고 있다. 생산한 전력을 사용하고도 모자라면 그만큼을 전력망으로부터 공급받고 반대로 쓰고도 남으면 다시 전력망에 내 주어 다른 소비자가 사용토록 하는 것이다. 이러한 모든 수요자들의 능동적인 수요 공급 상황은 전력망과 접목된 IT 기술을 통해 실시간으로 발전소에서 수합되고 발전소의 최종적 개입으로 전체 수요 공급을 맞추게 되는 것이다.

이와 같은 지능형 전력망은 마을이나 지역 단위의 비교적 규모가 작은 전력망 구축에 적합한 방식이어서 지방 자치제가 잘 발달되어 정치적 경제적으로 독립된 지역 사회(community) 개념이 확립되어 있는 미국과 같은 나라에서는 경제적으로 실현 가능한 지역부터 순차적으로 아주 쉽게 현실화할 수 있는 방식이다. 이들에게 있어서의 걸림돌은 사실상 전력망 자체라기보다는 작은 지역 단위로 운영

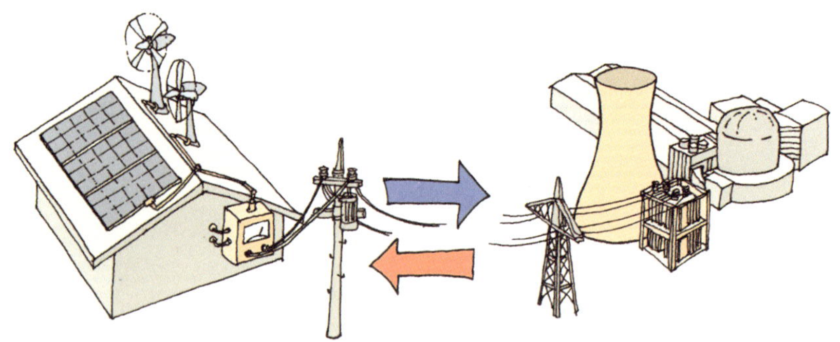

과거에는 전기 에너지의 생산자와 소비자가 명확하게 구별되었다. 하지만 대체 에너지를
사용하게 될 미래의 인류는 각 개인이 전기 에너지의 소비자이자 동시에 생산자이기도 한 새로운
개념의 에너지 분배 시스템인 '스마트 그리드'를 사용하게 될 것이다.

할 수 있는 소규모 발전 시설의 구축이다. 이와 관련해 최근 20년에
서 30년 동안 사용한 후 있는 그대로 깊은 땅속에 묻어 버리는 개념
의 일회용 소형 원자로에 대한 연구가 실용화 단계로 접어들고 있다
는 사실에 주목할 필요가 있다. 지역 사회 단위로 운영할 수 있는 발
전 시설에 대한 현실적인 대안에 대한 연구가 이미 상당 부분 진행되
고 있었던 것이다.

지금 우리는 지난 두 세기 동안을 사용해 온 인류의 전기 에너지
생산과 분배 방식이 개념을 달리하는 새로운 방식으로 바뀌는 전환
점에 이제 막 들어서고 있다. 얼마나 빨리 그러한 변화가 실현될 것인
지는 아직 미지수이지만 화석 연료의 수급 상황과 지구 온난화의 진
전 속도를 보았을 때 그 시기는 의외로 앞당겨질 수도 있다고 보인다.

볼타 전지에서 연료 전지까지

배터리(battery), 즉 전지는 물질이 가지고 있던 화학 에너지를 우리가 쉽게 사용할 수 있도록 전기 에너지로 바꾸어 주는 장치다. 전지 속의 물질이 플러스 이온이 되면서 전자를 내놓으면, 우리는 그 전자가 가지고 있던 전기 에너지를 사용한다. 그래서 전지에 들어가는 화학 물질에는 전자를 쉽게 내놓는 특정 금속 성분이 포함된다.

한번 쓰고 버리는 일차 전지뿐만 아니라 외부 전원으로 충전해 가며 여러 번에 걸쳐 재사용할 수 있는 이차 전지도 속속 개발되면서 다양한 종류의 전지가 사용되고 있다. 전지가 사람들에게 얼마나 널리 보급되어 사용되는가는 크기와 무게에 좌우된다. 이탈리아의 물리학자인 알레산드로 볼타가 1800년 처음으로 배터리를 세상에 소개할 때만 해도 전지는 수용액을 전해질로 사용했고 덩치도 너무 커

수소가 산소를 만나 물이 될 때 발생되는 화학 에너지를 전기 에너지를 바꾸어주는 연료 전지는 반영구적으로 사용할 수 있고 폐기물을 남기지도 않는 깨끗한 에너지 변환 장치이다.

서 휴대한다는 것은 생각할 수도 없었다. 그러던 것이 전해질을 고체나 다름없는 반죽 상태로 대체한 '건전지(dry-cell)'가 개발되면서 전지의 크기는 휴대할 수 있을 정도로 작아졌고 전해질이 흘러나올 위험도 없어졌다. 개량된 형태의 건전지는 간편한 휴대성 때문에 사용량이 폭증했다. 그러다 보니 다 쓰고 버리는 건전지는 엄청난 자원의 낭비일 뿐만 아니라 그 안에 들어 있는 금속 성분으로 인해 심각한 환경 오염까지 야기한다.

하지만 건전지 하나에서 뽑아 쓸 수 있는 전기 에너지의 양은 그리 많은 편은 아니어서 아직도 사용하는 데 큰 제약이 따른다. 통 속에 더 많은 반응 물질을 넣으면 자연히 전지의 크기와 무게가 늘어나게 된다. 같은 크기로도 가능한 많은 전기 에너지를 공급하려면 단위 무게당 최대한 많은 전자를 빼 쓸 수 있는 금속 성분을 사용하는 것이 유리하다. 바로 이런 이유로 시대에 따라 전지에 들어가는 물질의 금속 성분은 점점 가벼운 금속으로 바뀌어 왔다.

동일한 개수(1몰)의 전자가 나오는 각 금속 성분 무게를 비교해 보면 납 103그램, 수은 100그램, 카드뮴 56그램, 니켈 30그램, 아연 32그램, 리튬 7그램 순으로 점점 가벼워진다. 따라서 리튬을 사용하면 같은 양의 전기 에너지를 사용하면서도 다른 금속 성분들에 비해 훨씬 작고 가벼운 전지를 만들 수 있다. 과거 카메라, 핸드폰, 캠코더, 노트북 등에 크고 묵직한 니켈-카드뮴 이차 전지가 사용되었으나 현재는 거의 대부분 작고 가벼운 리튬 이차 전지로 세대 교체가 일어난 것은 바로 이 때문이다.

그렇다면 리튬보다 더 가벼운 금속은 없을까? 주기율표를 보면 리튬은 현존하는 원소 중에 세 번째로 가벼운 원소다. 리튬보다 더 가벼운 원소는 수소와 헬륨밖에 없는데, 이들은 둘 다 금속이 아닐 뿐만 아니라 모두 기체다. 따라서 지금보다 더 작고 가볍지만 그럼에도 불구하고 더 많은 전기 에너지를 공급해줄 수 있는 전지를 만들려면 단순히 전극 물질을 바꾸는 방법만으로는 더 이상 나아갈 곳이 없다. 볼타에 의해 시작된 전지의 역사는 이제 200년 만에 첫 번째 단원의 막을 내리고 있는 것이다.

이제는 볼타가 처음 도입했던 것과는 다른 방식을 토대로 한 전혀 새로운 종류의 전지를 찾아 두 번째 단원의 서곡이 울리고 있는데, 그 첫 번째 작품이 바로 수소 기체로부터 전기 에너지를 뽑아내는 '연료 전지(fuel cell)'다. 용기 속에 미리 저장해 놓았던 고체 물질에서 에너지를 뽑아 쓰고 나면 통에 남은 폐기물이 심각한 환경 오염을 야기했던 이제까지의 건전지와는 달리, 연료 전지 속에서 수소와 산소를 반응시켜 전기 에너지를 얻고 나면 이때 생성된 물은 전지 밖으로 빠져나와 다른 용도로 사용된다. 한번 쓰고 버릴 필요도 없고 다시 충전해야 할 필요도 없으며 연료로 사용되는 수소만 계속 공급해 주면 반영구적으로 사용하게 되는 차세대 전지가 바로 연료 전지다.

연료 전지를 사용한 발전 설비는 이미 상용화 단계에 들어가 있고 이를 이용한 기계 장치, 특히 연료 전지차는 이미 실용화가 가능한 단계에 접어들어 있다. 하지만 수소를 배급하기 위해 필요한 안전하고 현실적인 저장 방법이 아직은 없다는 점이 큰 걸림돌이 되고 있다. 이 문제가 해결되는 미래에는 에너지의 상당 부분을 수소를 연료로 한 새로운 시스템을 통해 얻게 될 것으로 예상된다.

아인슈타인의 유산

대부분의 사람들은 천재 과학자 아인슈타인 하면 $E=mc^2$이라는 짧은 공식을 떠올린다. 커다랗게 $E=mc^2$이라고 새겨진 티셔츠를 입고 거리를 다니는 사람들도 본다. 이 식은 1920년대 과학계에서 일어났던 지식의 일대 변혁을 상징적으로 잘 보여 주고 있다.

에너지는 파동인 빛의 속성이 있어서 질량과 부피를 갖는 물질과는 엄연히 구별되는 개념이었다. 그런데 이 너무도 당연한 사실에 의문을 제기하며 "에너지가 물질이기도 하고 물질이 곧 에너지이기도 하다."라는 황당한 주장을 한 사람이 있었으니 바로 1905년에 유명한 $E=mc^2$ 공식을 과학계에 화두로 던진 알베르트 아인슈타인이었다. 이 공식에서 빛의 속도인 c는 3×10^8의 값을 갖는 상수다. 이 값을 대입해 위 공식을 다시 쓰면 $E=(10^{17})\times m$이라는 매우 단순한 식을 얻는다. 이 식에서 특히 주목할 부분은 10^{17}이라는 상수 값이 우리로서는 상상이 안 될 정도로 어마어마하게 큰 값이라는 점이다. 다시 말해 1만큼의 물질(m)은 10^{17}이라는 엄청난 크기의 에너지(E)와 같다는 것을 의미한다. 아인슈타인으로서는 자신의 공식을 이론적으로는 증명했지만 그 엄청난 규모 때문에 실험적으로 검증할 방법은 없어 보였다.

이후 1920년대 들어와 수많은 물리학자들의 공헌으로 드디어 아인슈타인이 제시했던 '물질의 이중성'이 이론적으로나 실험적으로 의심의 여지없이 증명되기에 이른다. 천재 과학자 아인슈타인이 인류의 지식 체계를 완전히 뒤바꾸어 놓았던 것이다. 하지만 그의 이론적 공식인 $E=mc^2$은 아직도 실험적으로 검증되지 못한 채 그대로 남겨져 있었다.

그러던 차에 1939년 독일 나치 정권에 의한 제2차 세계 대전이 시작되었다. 당시 나치 정권의 압제를 피해 미국으로 망명해 있던 아인슈타인은 헝가리 물리학자 레오 질라르드와 함께 미국 루스벨트 대통령에게 한 통의 서신을 보낸다. 나치 정권이 $E=mc^2$이라는 지식을 활용해 가공할 무기를 제조할 가능성이 매우 높다는 내용이었다. 나치 정권에 대한 위기 의식을 느끼고 있던 미국 정부는 아인슈타인을 완전히 배제한 채 곧바로 '맨해튼 프로젝트'라는 암호명의 비밀 프로그램을 가동한다. 미국 뉴멕시코 주의 실험 구역에서 1945년 7월 인류 최초의 원자 폭탄이 가공할 위력을 보이며 폭발한다. 지극히 작은 중량의 물질이 어마어마한 양의 에너지로 변하면서 $E=mc^2$ 공식이 실험적으로 검증되는 극적인 순간이었다.

아인슈타인의 수식 $E=mc^2$은 극히 작은 미량의 물질에서 어마어마한 양의 에너지를 뽑아 쓸 수 있음을 암시하고 있다. 이산화탄소 배출을 대폭 줄일 기술적 제도적 변화를 실현하는 데 필요한 시간을 벌어줄 임시방편의 실마리가 바로 이 짧은 수식에 숨어 있는지도 모른다.

아인슈타인은 아직도 인류의 중대한 논란거리의 중심에 서 있다. 미래의 인류가 화석 연료를 대신해 그 많은 에너지를 어디에서 얻을 것인가에 대한 논란이다. 아인슈타인의 공식에 기초한 핵분열이나 핵융합을 통한 발전 방식은 지극히 적은 양의 물질에서 엄청난 양의 에너지를 얻게 된다는 면에서 다분히 매력적이기 때문이다.

원자력 에너지를 이용하는 것은 양날의 칼과 같아서 평화적으로 사용되면 인류의 에너지 문제를 해결하는 데 큰 기여를 할 수도 있지만 악용될 경우에는 통제하기 어려운 가공할 파괴력을 안겨 주기도 한다. 그래서 원자력 에너지 사용을 위한 안전한 방법과 기술을 손에 쥐고도 국제 사회가 화석 연료를 대체할 히든 카드로 원자력 에너지를 선뜻 뽑아들지 못하고 있는 이유는 다분히 정치적이다.

이미 러브록이 2004년《인디펜던트》기고문을 통해 기상 이변에 대해 경고하면서 원자력 에너지로의 적극적인 전환을 고려해야 한다는 주장을 역설했고 많은 과학자들이 이에 공감하고 있다. 한편에서는 평화적인 원자력 에너지 사용을 기술적으로 담보하기 위한 일회용 소규모 원자력 발전 설비 등에 대한 기술 개발도 일부 선진국을 중심으로 상당 수준까지 진행되고 있다. 어쩌면 앞으로 20~30년 후면 인류가 사용하는 전체 에너지의 상당 부분을 원자력 에너지의 형태로 충당하는 상황이 올 수도 있다는 점을 염두에 두고 이와 관련한 기술 개발과 제도 개선에도 관심을 기울여야 할 것이다.

지난 2011년 3월 일본 후쿠시마에서 발생한 원전 사고로 인해 원자력 에너지의 사용에 대한 거부감은 극도로 높아졌다. 전 세계적으로 원전 건설 반대 시위가 촉발되었고 일부 선진국에서는 원전 건설 계획을 백지화하기에 이르렀다. 하지만 원자력 에너지 없이 가까운 미래에 석유와 석탄의 상당 부분을 재생 가능 에너지로 대체한다는 것은 실현 가능성이 그리 높아 보이지 않는다. 현재 인류가 필요로 하는 전체 에너지 수요가 상식을 초월하는 엄청난 양인데다가 재생 가능 에너지를 보급하기 위해 넘어야 할 기술적 제도적 장벽이 현실적으로 너무 높기 때문이다. 결국 지난 100여 년간 지속되어 온 화석연료의 사용은 앞으로도 당분간 그대로 이어질 것이 분명하다. 아마도 석유와 석탄이 바닥날 때까지 그리될 것이라 여겨진다.

문제는 살아 있는 지구의 생태적 균형이 깨지면서 나타나는 지구 온난화 현상에는 더 이상 되돌아 나올 수 없는 시점이 존재한다는 것이다. 절벽 끝에서 중심을 잃고 허우적거리다가 어느 각도를 넘어서게 되면 떨어지는 길 이외에는 선택의 여지가 없는 것과 같다 하여 이를 '정점(tipping point)'이라고 한다. 이 정점을 지나고 나면 지금까지 유지되어 왔던 기상 패턴은 큰 폭으로 일그러지기 시작하고 과거와는 완전히 다른 새로운 패턴을 향해 급속도로 변화해 가게 된다. 이 시점이 지나면 인류가 어떠한 자구책을 강구하더라도 과거로 돌아가는 일은 결코 일어날 수 없다. 다만 시시각각 닥쳐오는 새로운 기상 상황을 마주해 그때그때 인내하며 적응해 나가기에 급급하게 된다.

여기에서 우리가 특히 주목해야 할 점은 정점에 도달한다는 것은 사실상 '여섯 번째 대멸종 사건'이 시작되었음을 의미하는 것이나 다름없다는 부분이다. 과거 2억 5000만 년 전에 일어난 페름기 대멸종 사건이 그랬고, 6500만 년 전에 일어난 백악기 대멸종 사건이 그랬다. 소행성의 충돌로 인해 촉발된 환경의 급격한 변화가 순식간에 이 정점을 넘어가 버렸던 것이다.

지금 우리 인류의 눈앞에서 진행되는 지구 온난화 현상의 정점이

언제인지에 대해서는 의견이 분분하다. 어떤 학자들은 이미 지났다고도 하고 일부는 지금이 바로 그때라고도 하며 일부는 아직도 시간이 남아 있다고도 한다. 하지만 그때가 아주 가깝다는 점에 대해서는 반론을 제기하는 학자가 없다. 이 시점을 넘어가 버리는 인류 최악의 실수를 막으려면 최대한 빠른 미래에 화석 연료의 사용을 중지해야 한다는 점에 대해서도 이의를 제기하는 학자가 없다.

문제는 현재 화석 연료가 제공하는 엄청난 양의 에너지를 현실적으로 어떤 에너지와 어떤 방법으로 대체할 것이냐 하는 실현 가능한 방안에 대해서는 대부분의 학자들이 냉정하고 구체적인 언급을 피한다는 것이다. 그냥 "재생 가능 에너지가 가장 최선이다."라는 원론적 이야기만 한다. 그야말로 뜨거운 감자다.

　본문의 글과 그림은 내가 숙명 여자 대학교에서 그동안 가르쳐 온 '화학의 이해'라는 교양 수업에서 다루어진 강의 자료이다. 수업은 화학의 가장 기초가 되는 기체의 성질, 액체의 성질, 물질과 에너지로 구성되어 있다. 화학 법칙은 모두 일상생활과 밀접하게 관련된 주제, 특히 지구와 연관되어 있어서 학생들이 직접 체험하는 현상들을 통해 소개된다. 수식과 화학식은 최대한 배제하고 사진, 그림, 도표, 만화, 데모와 같은 시각 자료를 사용하되, 누구나 쉽게 접할 수 있는 자료임을 강조하기 위해 《타임》, 《뉴스위크》, 《내셔널 지오그래픽》 등 시사지에서 발췌한 사진과 도표를 적극 사용한다. 별도로 필요한 경우에는 비록 모자란 손재주이지만 직접 그린 간단한 만화로 보충한다. 학생들은 이 강의를 통해 "화학이 우리 일상생활과 얼마나 가까운지, 각 개인의 지속 가능성이 지구의 지속 가능성과 어떻게 맞닿아 있는지, 인류가 당면하고 있는 현실적인 문제들이 화학의 관점에서 보면 어떻게 보이는지”를 맛보게 된다.

이 수업에서는 마지막 시간에 영화 「아폴로 13」을 보며 한 학기를 마무리한다. 무중력 상태를 재현하기 위해 600여 회에 걸쳐 자유 낙하하는 거대한 수송기 안의 세트장에서 촬영된 이 영화는 3명의 우주인을 태우고 달을 향해 순항하던 아폴로 우주선의 산소 탱크가 폭발한 1970년의 실제 사건을 다루고 있다. 폭발 사고로 대부분의 동력과 산소를 잃고 남아 있던 최소한의 에너지만으로 86시간을 버텨낸 후 우주인 모두가 지구로 무사히 귀환하는 내용이다.

이들의 생존은 난파된 우주선에 남아 있던 극히 제한된 물자를 어떻게 하면 가장 효율적으로 사용하느냐 하는 문제와 직결되어 있었다. 난파된 우주선 안에서 벌어지는 이야기는 우주 공간에 떠 있는 한 점의 작은 행성에 불과한 지구에서 인류가 경험하게 될 미래를 예견하는 것 같아 매우 흥미롭다. 더구나 이들이 에너지원을 잃고 겪는 이야기들이 인류가 당면한 지속 가능성과 관련된 과제들의 축소판이나 다름없어서 한 학기동안 이 주제를 접한 학생들에게 매우 큰 반향을 불러일으킨다.

우주선은 우주인들의 생명 유지에 필수적인 최소한의 물자만을 싣게 된다. 각종 장치를 작동하는 데 필요한 에너지원, 우주인들이 섭취해야 할 식량, 물, 산소가 바로 그것이다. 이 중 어느 하나라도 모자라거나 없어지면 우주인의 생명은 심각한 위협을 받게 되는데, 이 영화는 실제 그러한 위급한 상황을 극적으로 보여 주고 있다.

지구에 사는 우리에게도 에너지원, 식량, 물, 산소(＝깨끗한 공기)는 생존을 위해 어느 하나라도 없으면 안 되는 가장 기본적인 필수 자원이다. 특히 식량, 에너지원, 물은 앞으로 인류의 지속 가능성을 가늠하게 될 3대 주요 지표라 해도 과언이 아니다. 우리는 이들 자원이 마치 무한정 공급될 것처럼 여기고 있지만 현실은 결코 그렇지 않다. 우리에게 가용한 식량과 물은 극히 제한적이고 에너지원은 빠른 속도로 고갈되고 있다. 더구나 물질과 에너지 자원을 쓰고 나면 반드시 뒤에 남게 되는 쓰레기 문제는 더 이상 그대로 방치할 수 없는 심각한 상태에 이르렀다.

이 영화를 통해 학생들에게 특히 강조하는 것은 "자신이 아는 만큼의 세상만을 본다."라는 간단하지만 중요한 사실이다. 이 강의를 수강하는 학생들은 대부분 인문 계열과 예체능 계열 전공자로 과학에 대한 막연한 거리감 때문에 실제로 학기 초입에 이 영화를 보여 주면 많은 학생들이 흥미를 잃고 꾸벅꾸벅 졸거나 중간에 아예 나간다.

하지만 한 한기 강의를 통해 화학의 기초적인 지식을 자신의 평소 실생활을 통해 경험해 왔던 자연 현상들과 접목하는 경험을 하고 나면 상황은 완전히 반전된다. 얼어붙은 듯 눈을 스크린에 고정한 채 영화에 몰입되어 중간 중간 탄성이 흘러나온다. 물론 중간에 강의실을 떠나는 학생은 하나도 없다. 우주인 3명이 무사히 지구로 귀환하는 장면에서는 학생들의 감정 이입이 강의실 전체에 그대로 느껴진다. 매학기 반복되는 강의임에도 이때가 되면 매번 어김없이 속에서 뜨거운 것이 밀려올라오는 것을 느낀다. "아직은 작고 보잘 것 없지만 이제 이 학생들이 마침내 우리의 살아 있는 지구에 대한 관심을 갖게 되었구나!"라는 작은 확신이 그것이다.

관심은 지식 습득의 가장 중요한 전 단계다. 일단 어떤 대상에 관심을 갖게 되면, 이후의 지식 습득은 가만히 두어도 저절로 일어난다. 과거에는 안 보이던 것이 보이고 그냥 지나쳤던 것들을 다시 한 번 돌아보게 된다. 관심 하나만 가져도 이전과 전혀 다른 세상을 보게 되고 생각을 바꾸기 시작한다. 결국 시간이 흐르면 바뀐 생각에 드디어 행동이 따라가게 마련이다.

흔히 변화를 가져오기 위해 행동과 실천을 강조한다. 역설적으로 들릴지 모르지만 지속 가능성의 문제에 관한 한 이는 앞뒤가 바뀐 잘못된 접근법이다. 관심도 없는 사람들에게 행동과 실천을 강요함으로써 괜한 자책감만 갖게 하고 실제로는 변화에서 오히려 멀어지게 하는 경우가 더 많기 때문이다. 행동에 앞서야 하는 것은 바로 관심이다. 관심이라도 갖게 한다면 그것만으로 충분하다. 관심만 가져도 이미 행동의 변화는 일어난 것이나 다름없기 때문이다.

이 책을 읽은 독자가 우리의 "살아 있는 지구"에 대해 아주 조금의 관심이라도 갖게 되었다면 그것만으로도 더 이상 바랄 게 없다.

가

지구를 부탁해

1판 1쇄 펴냄 2011년 12월 2일
1판 5쇄 펴냄 2019년 9월 27일

지은이 박동곤
펴낸이 박상준
펴낸곳 (주)사이언스북스

출판등록 1997. 3. 24.(제16-1444호)
(06027) 서울특별시 강남구 도산대로1길 62
대표전화 515-2000, 팩시밀리 515-2007
편집부 517-4263, 팩시밀리 514-2329
www.sciencebooks.co.kr

ISBN 978-89-8371-298-1 03400